對症滋補養生湯

本書內容是主編與編輯團隊多年來行醫與研究的精華彙集，融合了現代的科學知識與中華傳統的醫學智慧，其內容普遍適用於一般社會大眾；但由於個人體質多少有些互異，若在參閱、採用本書的建議後仍未能獲得改善或仍有所疑慮，建議您還是向專科醫師諮詢，才能為您的健康做好最佳的把關。

中国人自古就爱喝汤，无论家常便饭，还是友宴婚宴，乃至国宴，汤都是餐桌上的重中之重。

　　早在三千年前的商汤贤相——伊尹，就是著名的汤圣。他提出"凡味之本，水最为始"，就是认为食物和水相烹调，就可烹出味美营养的汤汁。所以他烧得一手好汤，被誉为庖祖。

　　相传彭祖活到八百岁，其中一个重要的原因就是会烧汤，由于有烹好汤的绝活而获尧帝称赞，被封于大彭，并得了羹之祖的美名。

　　中国自古就有许多名汤流传至今，如张仲景的当归生姜羊肉汤，求体的虫草炖鸡汤，产后不妨喝木瓜鲫鱼汤，补脾胃的人参猪肚汤……不胜枚举。中国各地都有美味经典的名汤闻名于世，如浙江宋嫂鱼羹、江西瓦罐汤、贵州酸汤鱼、河南胡辣汤、东北酸菜排骨汤、四川豆花汤……数不胜数。

　　汤不仅美味，而且养人，能健胃，能益寿，所以无论孕人，病中，产后，或是老人，小儿，女人，男人……都无不天天喝道汤，真可谓"宁可一日无肉，不可一日无汤"，汤就被中国人如此钟爱。

　　……

　　最后，谨祝天下苍生吃好饭，健康长寿！

　　　　　　　　　　　　　　　杨力

每天一道湯，身體保安康

　　中國人自古就愛喝湯，無論家常便飯，還是友宴、婚宴，乃至國宴，湯都是餐桌上的重中之重。

　　遠在三千年前的商湯賢相——伊尹就是著名的「湯聖」，他提出「凡味之本，水最為始」，就是認為食物和水相烹調，就可烹出味美營養的湯汁，所以他燒得一手好湯，被譽為「庖祖」。相傳彭祖活到八百歲，其中一個重要的原因就是會燒湯，由於有烹雞湯的絕活而被堯帝稱讚，被封於大彭，並得雞羹之祖的美名。

　　中國自古就有不少名湯流傳至今，如張仲景的當歸生薑羊肉湯、補體的蟲草燉雞湯、產後下奶的木瓜鯽魚湯、補脾胃的人參豬肚湯……不勝枚舉。中國各地也都有美味經典的名湯聞名於世，如浙江宋嫂魚羹、江西瓦罐湯、貴州酸菜魚、河南胡辣湯、東北酸菜排骨湯、四川魚頭豆腐湯……數不勝數。

　　湯不僅美味，而且養人，能健康，能長壽，所以無論常人、病中、產後，或是老人、小兒、女人、男人……都可以每天喝道湯。「寧可一日無肉，不可一日無湯」，湯粥被中國人萬般垂愛。

　　最後，謹祝天下蒼生百姓健康長壽！

楊力

目錄

第一章　大飽口福的經典湯品

第二章　滋補全家人的營養湯

第三章　應季的滋補湯

第四章　調和體質的保健湯

第五章　讓身體更好的強身湯

第六章　趕走身體不適的調養湯

湯的保健功效及煲湯祕訣

多喝湯，身體好

無論古代、現代，東方、西方，飲食都離不開湯，中醫更是講究喝湯。

古人稱湯為「羹」，稱開水為「湯」。《辭海》中對湯的解釋是「主要以水為傳熱介質，將烹飪原料加工烹製成汁水較多的湯。」對羹的解釋為「五味調和的濃湯，亦泛指煮成濃液的食品。」現代人習慣把較稀的稱為湯，較濃的稱為羹，一般合稱為湯羹或羹湯。

經常喝湯，好處多多。研究表明，湯中的營養成分更容易被人體吸收，而且不易流失，在體內的利用率也高。早餐喝湯，可潤腸養胃，迅速補充夜間代謝掉的水分，促進廢物排泄；飯前喝湯，可增加飽腹感，從而減少食物的攝取量，達到瘦身減肥的效果；秋冬季喝湯，可驅趕寒冷，增強身體免疫力。而對於老年人、小孩和腸胃吸收功能不好、肥胖體虛、術後調養的人以及孕中後期的婦女來說，喝湯更是有百益而無一害。

湯要會喝才健康

♨ 最好餐前喝湯

西方人一般先喝湯再吃菜，東方人一般喜歡餐後喝湯，其實餐前喝湯比餐後喝湯更健康，可潤滑口腔、食道，減少乾硬食物對消化道黏膜的不良刺激，並促進消化腺分泌，發揮開胃作用。飯中適量喝湯也有利於食物與消化腺的攪拌混合。而餐後喝湯，容易沖淡胃液，影響食物的消化吸收，在吃得較飽的情況下，再喝湯也容易導致營養過剩，造成肥胖。

♨ 晚餐喝湯不宜多

湯的營養價值較高，若是晚餐喝湯，飯後缺少運動且很早就寢，容易導致發胖。相對而言，早餐、午餐喝湯吸收的熱量最少，因此，為了防止發胖，晚餐不宜喝太多的湯，應盡量選擇在早餐或午餐時喝湯。

♨ 不喝太熱的湯

喝湯時不要太燙，稍涼再喝較健康，太燙容易造成口腔、食道、胃黏膜損傷，從而增加罹患食道癌的風險。

♨ 喝湯最好選低脂、低糖、低熱量的

宜食用低脂、低糖、低熱量的食物煲湯，對於高熱量、高鹽、高糖的湯最好不要多飲，尤其是患有痛風、腎臟病及高血壓的人，更要少喝或不喝這些湯。

♨ 多喝「雜燴湯」

任何一種食材的營養都不是全面的，因此，最好採用多種食物混合煮湯，也可以葷素搭配，這樣不但可使味道更加豐富，也可使營養更完整。

♨ 湯要慢慢喝

喝湯速度過快，等到意識到飽的時候往往已經過量，容易造成肥胖。最好慢慢地喝，以逐漸產生飽腹感，避免發胖。

♨ 湯、料同吃

很多人認為湯經過長時間燉煮後，營養精華都在湯裡，其實不管是雞湯還是牛肉湯，就算熬煮數小時，蛋白質也主要還是保存在肉裡，只喝湯不吃肉十分可惜。所以喝湯時最好湯、肉同吃。

♨ 根據體質喝湯

喝湯也要依體質、季節作出合理的選擇。如夏季要選擇低熱量原料煲湯，如蔬菜、魚類、飛禽類、菌類等。秋冬季應選擇牛、羊等肉類。還有，高血糖、高血壓、高血脂的病人不宜喝脂類、固醇類含量較多的湯，而缺乏某種營養素的人可選擇此種營養素含量高的食材進行食補。

♨ 根據季節喝湯

不同季節應根據氣候特點選擇不同的湯品，既能強身保健，還能預防一些季節性疾病，比如夏天多喝綠豆湯，可解暑清熱；冬天多喝羊肉湯，可滋補暖身等。

煲湯食材巧處理

　　煲湯時會用到蔬菜、水果、肉類、魚類等食材，煲湯前首先要對食材進行清洗、去皮、刀切、去內臟等相關的準備工作，那麼如何巧妙處理食材才能既安全衛生又方便快捷，並且保留最大限度的營養呢？這就需要掌握一些技巧，下面就介紹一下常見食材的處理方法。

草魚去內臟

❶ 草魚放在案板上，從魚頭向魚尾方向刮去魚鱗，才不會四濺，然後洗淨。

❷ 去掉魚鰭和魚鰓。

❸ 剖開魚肚，去掉內臟。

❹ 用清水將魚身內外的黏液和血汙洗淨即可。

山藥去皮

\小竅門/

在開水中煮幾分鐘，等貼近表皮的部分熟了，再用削皮刀去皮，不僅好削，也可免去黏液造成手癢。

❶ 山藥用清水沖淨。

❷ 放入加了少許鹽的水中浸泡5分鐘。

❸ 為了預防手癢，雙手戴上拋棄式手套，再用削皮刀去皮。

❹ 處理好就像這樣。

豬腰清洗

① 豬腰用清水洗淨。

② 剔去筋膜。

③ 縱向一切兩半。

④ 橫刀片去白色腰臊膜，洗淨。

豬肝清洗

① 豬肝用清水洗淨。

② 放入盆中浸泡半小時。

③ 用手抓洗去掉浮沫雜質。

④ 再次沖洗乾淨。

煲湯時常見的食材切法介紹

滾刀塊：這是煲湯中常用的一種切法，指斜立刀滾動食材的切法，常用於塊莖類中的圓柱形原料，比如絲瓜、蘿蔔、山藥等。

切片：將原料切片，是烹調中用得最多的刀功形狀，也是切其他形狀的基礎。

切片：有些菜餚，調料形狀要求微小，必須剁為末，比如蒜末、火腿末、蔥末等。

番茄去皮

番茄可帶皮煲湯，但有時最好去皮，可使其更好溶解在湯中，根據實際需要處理即可。

❶ 番茄沖洗乾淨。

❷ 放入燒開的水中燙一下。

❸ 取出番茄，去皮。

❹ 處理好就像這樣。

白菜清洗

❶ 把白菜葉子從根部掰下來。

❷ 用清水浸泡10～15分鐘，或使用專業果蔬清潔劑清洗。

❸ 再用水反覆沖洗。

❹ 處理好就像這樣。

根據食材選湯鍋

　　煮湯用的容器按質地分有鐵鍋、不鏽鋼鍋、沙鍋、鋁鍋、銅鍋、玻璃鍋等，還有一些特別的，如石鍋等。合理選擇烹製器具，可以更有效保持食材的營養和湯品色澤。

鐵鍋

如今人們提倡用鐵鍋烹製菜品，但不是所有原料都適合選用鐵鍋，因為鐵鍋會與某些食材發生反應，產生對人體不利的有害物質。

不宜用鐵鍋的原料

1 含果酸較高的原料，如山楂、楊梅、海棠等。因為果酸遇鐵後會發生化學反應，將鐵溶解，產生一種低鐵化合物，攝入過多對健康不利。

2 容易發生褐變的原料，如蓮藕、茄子、桃、梨、蘋果等。雖然褐變對健康的影響不大，但嚴重影響湯品色澤，因此用此類食材煲湯時不宜用鐵鍋。

沙鍋

沙鍋分為白沙鍋、黑沙鍋和紫沙鍋等，製作原料均屬於陶土，皆不可乾燒。沙鍋保溫性好，做湯時需要小火慢熬，做出來的湯才會美味濃郁。沙鍋的特殊質地可吸附嘌呤，即細胞內的一種重要組成成分，在動物肝、腎、腦及卵中含量較多，用沙鍋烹飪能減少嘌呤對身體的傷害，絕大多數原料都可以用沙鍋來製作湯羹。

使用沙鍋注意事項

1 新沙鍋使用前先用糯米煮一下，或用鹽水浸泡，可延長使用壽命。

2 使用沙鍋製作湯羹前，要擦乾鍋外水分，注意不可使湯羹溢出，更不可乾燒。

3 使用沙鍋時要先用小火讓鍋均勻受熱，再用大火燒開鍋中的湯或水，入料後再改用中小火燉煮。

4 沙鍋不可冷熱交替，放入冰箱冷藏的沙鍋，使用前要用溫水浸泡。

玻璃鍋

絕大多數玻璃器皿均為平底，因其通透的特點，最適合煮製湯羹。色澤鮮豔的果蔬是玻璃鍋的最佳拍檔。玻璃鍋耐熱程度不同，一般越耐熱的越安全。普通的玻璃鍋只可用於微波爐加熱，好一點的可以在火上加熱，有些高品質的玻璃鍋甚至可以用來炒菜。使用玻璃鍋宜使用電磁爐，因為電磁爐的溫度可以控制，能最有效保證玻璃鍋的安全。

掌握煲湯心機，煲一鍋美味靚湯

想做出美味的湯羹其實一點都不難，只要用對技巧，普通的食材也能煮出令人叫絕的好味道。

煮湯時間不宜過長

長時間加熱會破壞菜餚中的維他命，並且導致氨基酸氧化，使蛋白質過分變性，從而產生酰胺鹼，湯的鮮味也會隨之降低。而根據入湯材料的不同，煮製的時間也有區別，例如，雞湯需1～2個小時，牛肉湯需3～4個小時。

掌握好火候

湯對火候的要求很高，一鍋味道鮮美的湯，是用大火燉煮還是用小火慢熬，要依據所選材料而定，胡亂用火，只會破壞湯中的養分。

冷水煮湯

熬湯最好是用冷水，如果直接用熱水，肉的表面受到高溫後，外層的蛋白質會凝固，就不能充分溶解到湯裡了。

水量要合理

煮湯時，用水量一般控制在主要食材重量的2～3倍，也可按熬一碗湯加2倍水的比例來計算，而且最好一次加足水，中途不添水，這樣才能保證湯的口感。

把握材料的切放時機

一些需要長時間燉煮的材料，如肉、魚及某些根莖類蔬菜等，可同時放入鍋中，其中根莖類蔬菜，宜切大塊；一些比較易熟的嫩葉類蔬菜，最好在起鍋前幾分鐘再放入，以確保食材成熟度一致。

放調味料的時間有講究

做湯時使用調料要得當，加多少，怎麼加，對湯的營養及口感都有很大的影響。調料入鍋的時間是不同的，有些要先入鍋，有些要後放。花椒、八角、桂皮、肉蔻、薑、蔥等可以先入鍋，以便更好地釋放其本身的香味；鹽、雞精、胡椒粉、花椒粉等一般後放，因為這些調料長時間煮製會破壞自身的營養素。另外，調料不宜放得過多。做湯時加入適量的蔥、薑、料酒等可去腥、羶、臊等異味，解膩爽口，增加湯的鮮美滋味，但如果調料放得過多，則會影響湯本身的鮮味，使湯色既不明亮也不美觀。

湯品要現製現飲

為保持湯汁新鮮，湯最好現煮現飲，不宜隔日食用，且要選用營養豐富、鮮味充足的原料。

會做基礎湯，當個行家裡手

　　有的湯需要清湯，有的湯需要用高湯（湯底）煲煮，因此好的湯底就顯得非常關鍵，既可提鮮，又能增色，還有營養，甚至有人說「湯底就是湯的靈魂」，那麼好湯底是怎麼做出來的呢？這裡介紹幾款常見的湯底製作方法。

♨ 豬骨高湯

將豬棒骨、脊骨洗乾淨後斬大塊，入沸水鍋中汆燙去血水，撈出後，放入加有開水的湯鍋中，加蔥段、薑塊小火煲煮3～4個小時。豬骨高湯可以用來煲製各式湯品，還可以作為湯底來調味。

♨ 雞高湯

將老母雞放入沸水鍋中汆燙去血水，撈出後，放入加有涼水的湯鍋中大火煮沸，然後轉小火熬煮2個小時，再加幾塊薑提味去腥，繼續煮到湯濃味香時，撇去浮油就可以了。雞高湯可以用來做各種葷素湯品，也可根據個人口味，放入其他湯裡提鮮湯頭。

♨ 香菇高湯

乾香菇用清水沖洗、泡軟、去蒂、洗淨，再用清水浸泡50分鐘，用紗布過濾清水即可。或者將乾香菇放入湯鍋中，加清水大火煮沸。香菇高湯主要是用在湯品中提味增色，一般不單獨使用。

♨ 牛骨高湯

將牛骨洗乾淨後斬大塊，入沸水鍋中汆燙去血水，撈出後，放入加有開水的湯鍋中，加蔥段、薑塊大火燒沸，轉小火煲煮4～5個小時，待湯汁乳白濃稠時就可以了。牛骨高湯可以用來煲製各種葷素湯品，也可以根據湯品的需要，用牛腱肉或牛雜加陳皮、薑片熬煮的牛肉清湯替代牛骨高湯。

♨ 什錦果蔬高湯

依個人喜好，將各種蔬菜水果，放入果汁機中，加適量清水，攪打成汁，再回鍋煮開即可。由於蔬菜水果的搭配比例不同，什錦果蔬高湯色彩多樣，湯品既營養又能激發食慾，可當做海鮮、果蔬的汆煮調理湯。

第一章

大飽口福的經典湯品

清淡素湯

　　素湯主要是以蔬菜、穀類、豆類、水果、菌藻等為原料熬煮而來的,能為人體提供豐富的維他命、膳食纖維、礦物質等,口感清淡,容易被人體消化吸收,老少皆宜。

煲湯小竅門

- 湯羹中有綠葉菜做原料時,最好現做現洗現切,盡可能保留食材的維他命。
- 注意材料入鍋的先後順序,一般根莖類食材可以先入鍋,綠葉類食材後放。
- 開水下鍋,這樣可以保持蔬菜的鮮味和色澤,營養損失也較少。
- 新鮮蔬果盡量不要用濃郁的調味品,煮湯或清淡微鹹,或甜香適口。
- 用綠葉蔬菜煲湯時,宜少放鹽,讓湯品更顯清香。
- 水果適合烹製甜羹,調味時可選用冰糖、糖桂花、酸梅、牛奶、蜂蜜等。

適合煲湯的素食食材圖鑑

大白菜

熱量:17大卡 / 100克
性味歸經:
性平,味甘,歸脾、胃經。
養生功效:
潤腸通便、預防心血管疾病。
相宜搭配:
白菜＋豆腐 ▶ 益氣、清熱、利尿
白菜＋蝦仁 ▶ 預防牙齦出血、解熱除燥

菠菜

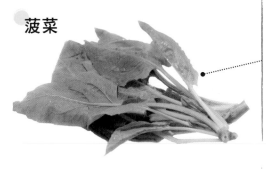

熱量：283大卡 / 100克
性味歸經：
性涼、味酸，入膀胱經。
養生功效：
降低血糖、潤腸通便。
相宜搭配：
菠菜＋蝦米▶補腎壯陽、養血潤燥
菠菜＋雞蛋▶有利於吸收維他命 B 群

冬瓜

熱量：11大卡 / 100克
性味歸經：
性涼、味甘，入肺、大腸、膀胱經。
養生功效：
降壓利水、去脂減肥、消腫。
相宜搭配：
冬瓜＋甲魚▶加速脂肪分解
冬瓜＋羊肉▶滋補潤燥

蓮藕

熱量：70大卡 / 100克
性味歸經：
味甘，性寒，歸心、脾、胃經
養生功效：
清熱涼血、健脾開胃、止血散瘀、益血
生肌、通便止瀉。
相宜搭配：
蓮藕＋豬肉▶健脾壯體、補血益氣
蓮藕＋百合▶潤肺、止咳、安神

山藥

熱量：56大卡 / 100克
性味歸經：
性平，味甘，歸肺、脾、腎經。
養生功效：
滋補腸胃、預防胃潰瘍、促進消化、減
肥瘦身。
相宜搭配：
山藥＋鴨肉▶補陰養肺
山藥＋蓮子▶滋陰補腎、養心健脾

馬鈴薯

熱量：76大卡／100克
性味歸經：
性平、微涼，味甘，歸脾、胃、大腸經。
養生功效：
和中養胃、健脾利濕、寬腸通便、減肥健
身、降糖降脂。
相宜搭配：
馬鈴薯＋牛奶 ▶ 健脾養胃
馬鈴薯＋排骨 ▶ 增強免疫力

番茄

熱量：19大卡／100克
性味歸經：
性微寒，味甘、酸，歸肝、脾、胃經。
養生功效：
潤腸養胃、降脂降壓、美容護膚。
相宜搭配：
番茄＋花椰菜 ▶ 增強免疫力
番茄＋雞蛋 ▶ 美容抗衰

百合

熱量：162大卡／100克
性味歸經：味甘，性微寒，歸肺、心經。
養生功效：
潤肺止咳、寧心安神、美容養顏、防癌抗癌。
相宜搭配：
百合＋蓮子 ▶ 清心寧神、改善睡眠
百合＋銀耳 ▶ 清熱安神

黃瓜

熱量：15大卡／100克
性味歸經：性涼、味甘，入胃、大腸經。
養生功效：美容養顏、抗衰老、增強體質。
相宜搭配：
黃瓜＋黑木耳 ▶ 減肥、排毒
黃瓜＋雞蛋 ▶ 減肥、美容

香菇

熱量：19大卡／100克
性味歸經：性平、味甘，入脾、胃經。
養生功效：防癌抗癌、增強免疫力。
相宜搭配：
香菇＋豆腐 ▶ 健脾養胃
香菇＋油菜 ▶ 營養更全面

紅蘿蔔

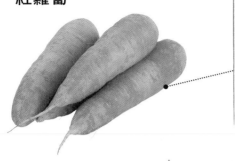

熱量：37大卡 / 100克

性味歸經：性溫、味甘，入肺、脾經。

養生功效：降糖降脂、益肝明目。

相宜搭配：

紅蘿蔔＋豬肝 ▶ 清肝明目

紅蘿蔔＋豬肉 ▶ 促進吸收紅蘿蔔中的維他命，提高免疫力

白蘿蔔

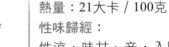

熱量：21大卡 / 100克

性味歸經：

性涼，味甘、辛，入肺、胃經。

養生功效：降糖、防便祕、健胃消食。

相宜搭配：

白蘿蔔＋蛤蜊 ▶ 強心護肝

白蘿蔔＋豆腐 ▶ 有助於吸收豆腐的營養

南瓜

熱量：22大卡 / 100克

性味歸經：性溫，味甘，歸脾、胃經。

養生功效：解毒、保護胃黏膜、平衡血糖。

相宜搭配：

南瓜＋山藥 ▶ 強腎健脾

南瓜＋紅棗 ▶ 補脾益氣、解毒止痛

油菜

熱量：23大卡 / 100克

性味歸經：

性涼，味甘，歸肝、肺、脾經。

養生功效：預防便祕、排毒防癌、化瘀。

相宜搭配：

油菜＋蝦仁 ▶ 促進鈣的吸收

油菜＋豆腐 ▶ 潤燥生津、清熱解毒

材料

南瓜…150克
芹菜、紅蘿蔔…各50克
番茄…1顆
牛瘦肉…60克
蔥花、番茄醬、鹽、
植物油…各適量

做法

① 南瓜去皮、去籽，切塊；芹菜擇洗乾淨，切斜段；紅蘿蔔擇洗乾淨，切滾刀塊；番茄洗淨，去蒂，切月牙瓣；牛瘦肉洗淨，切塊。

② 鍋置火上，倒入植物油燒至七分熱，加入蔥花爆香，放入牛肉塊略炒，淋入番茄醬和適量清水煮至牛肉七分熟，加南瓜塊、紅蘿蔔塊煮15分鐘，然後再下入番茄和芹菜繼續煮5分鐘，加鹽調味即可。

什錦蔬菜湯

降糖
提高
免疫力

南瓜含有的多糖能提高身體的免疫能力，在春季能有效預防感冒，此外南瓜含有鉻這種物質，有助於維持耐糖量，即身體對糖的吸收利用能力，適合糖尿病患者食用。

材料

白菜…100克
冬粉…50克
鹽…4克
蔥末…5克
香油、雞精…各少許

做法

① 白菜擇去老葉，洗淨切絲；冬粉剪成10公分長段，洗淨泡軟。

② 鍋置火上，倒油燒熱，煸炒蔥末至出香味，加入白菜絲稍加翻炒。

③ 倒入足量水、冬粉，大火煮開，加入鹽、雞精調味，熟後淋香油即可。

白菜冬粉湯

促進
排毒
減肥

白菜含有豐富的維他命C和膳食纖維，常喝這款湯，利尿消腫、助消化、促進排毒、減肥，特別適合大小便不利者食用。但是因為大白菜性偏寒涼，胃寒腹痛、大便溏泄及寒痢者不可多食。

材料

油菜…100克
豆腐…200克
鹽、雞精…各3克
清湯、香油…各適量

做法

① 油菜取葉洗淨，切段。
② 豆腐洗淨，切成片，下鍋汆燙後撈起。
③ 炒鍋置大火上，倒入清湯燒開後加入鹽，放入油菜和豆腐片燒沸，加入雞精，除去浮沫，淋香油，起鍋盛入湯碗中即可。

翡翠白玉湯

補鈣強身
防便祕

豆腐是低脂肪、高蛋白質、高鈣的食物，可補鈣強身；油菜富含維他命C和膳食纖維，可提高免疫力、防便祕、降血脂。

特別提醒

汆燙豆腐時，在水中加點鹽，能使豆腐完整、不破碎。油菜會加重狐臭，所以狐臭患者不宜食用此湯。

材料

馬鈴薯、番茄…各150克
植物油、蔥花、雞精、鹽…各適量

做法

① 馬鈴薯去皮，洗淨，切小丁；番茄洗淨，去蒂，切塊。
② 鍋置火上，倒入適量植物油，待油燒至七分熱，加蔥花炒出香味，放入馬鈴薯丁翻炒均勻，加適量清水煮至馬鈴薯丁八分熟。
③ 倒入番茄塊繼續煮至馬鈴薯熟透，用鹽和雞精調味即可。

番茄馬鈴薯湯

養心
抗衰
潤膚

番茄是紅色食物，富含維他命和礦物質，能養心；此外，番茄還含有豐富的茄紅素，具有抗氧化能力，可延緩衰老，茄紅素是脂溶性色素，用油炒熟吃會更好吸收。

蓮藕黑豆湯

補氣血

黑豆可補氣血、益肝腎、強筋骨，能使人健康長壽、精力旺盛，並使頭髮烏黑亮麗；蓮藕可益血生肌，紅棗也可補血。這款湯適合氣血虛弱者。

材料

蓮藕…200克

黑豆、紅棗…各80克

陳皮…少許

薑絲、鹽、清湯…各適量

做法

① 黑豆乾炒至豆殼裂開，洗去浮皮；蓮藕去皮，洗淨，切片；紅棗洗淨；陳皮浸軟。

② 鍋中倒入適量清湯燒開，放入蓮藕、陳皮、薑絲、黑豆和紅棗大火煮開，然後轉小火繼續煮1個小時，加鹽調味即可。

薏仁南瓜湯

美白健脾

薏仁具有美白利濕的功效；南瓜脂肪含量較低，也可健脾益氣，再加上紅蘿蔔一起煮湯，可發揮調理脾胃、美容減肥的作用。

材料

南瓜…200克

薏仁…100克

紅蘿蔔…1根

輔料白糖、牛奶…各適量

做法

① 薏仁淘洗乾淨，用清水泡軟；南瓜去皮，去籽，洗淨，蒸熟，放入攪拌機中打成泥；紅蘿蔔洗淨，切大塊。

② 鍋置火上，放入紅蘿蔔塊和適量清水燒開，再煮20分鐘，撈出紅蘿蔔塊不用，在湯中倒入南瓜泥，用白糖、牛奶調味，加薏仁煮熟即可。

特別提醒

如果擔心薏仁不易煮，可多浸泡一會兒，讓薏仁吸足水分，這樣薏仁更容易煮熟。

濃郁葷湯

葷湯是以豬肉、牛肉、羊肉、雞肉等畜禽肉及動物內臟等為主要原料製成，能為人體提供豐富的蛋白質、維他命及礦物質等，其口味醇厚、營養豐富、易吸收。與素湯相比，葷湯的脂肪含量和熱量較高。

煲湯小竅門

- 羊肉適合用蔥、薑、花椒、孜然等調味。

- 豬肉適合用八角、蒜泥、料酒、紅酒等調味。

- 雞、鴨適合用蔥、薑、八角、辣椒等調味。

- 煮牛肉湯時適量添加山楂、陳皮等調料能加速牛肉的軟爛。

- 動物內臟的異味很重，要先汆燙去血水和異味，還可以用蔥、薑、蒜、花椒、八角、料酒等調料塗抹，稍加醃漬後再煮湯。

- 肉類搭配適當的蔬菜食用，營養更均衡。

適合煲湯的肉食食材圖鑑

羊肉

熱量：203大卡／100克
性味歸經：性溫、味甘，歸、腎經。
養生功效：
益氣血、祛溼氣、暖心胃、補腎壯陽。
相宜搭配：
羊肉＋豆腐▶減少吸收羊肉中的膽固醇
山藥＋羊肉▶健脾胃、滋補

牛肉

熱量：125大卡／100克

性味歸經：性平，味甘，歸脾、胃經。

養生功效：

強身健體、補血養血、提高免疫力。

相宜搭配：

芹菜＋牛肉 ▶ 強壯筋骨、滋補健身

牛肉＋馬鈴薯 ▶ 強筋健骨

豬肉（五花肉、瘦肉）

熱量：395大卡／100克

性味歸經：

性平，味甘、鹹，歸脾、胃、腎經。

養生功效：補血養血、強身健體。

相宜搭配：

豬肉＋洋蔥 ▶ 滋陰潤燥

白菜＋豬肉 ▶ 養血、通便

鴨肉

熱量：240大卡／100克

性味歸經：

性涼，味甘、鹹，歸肺、胃、腎經。

養生功效：滋陰養胃、降血壓。

相宜搭配：

海帶＋鴨肉 ▶ 軟化血管、降低血壓

山藥＋鴨肉 ▶ 健脾、止渴、固腎

雞肉

熱量：167大卡／100克

性味歸經：性溫，味甘，歸脾、胃經。

養生功效：強體補虛、益智健腦。

相宜搭配：

青椒＋雞肉 ▶ 預防動脈硬化

雞肉＋栗子 ▶ 補脾、生血

烏骨雞

熱量：111大卡／100克
性味歸經：性平，味甘，歸肝、腎經。
養生功效：滋陰補血、健腦益智。
相宜搭配：
烏骨雞＋枇杷 ▸ 營養又潤肺
烏骨雞＋紅棗 ▸ 補氣益血

豬排

熱量：395大卡／100克
性味歸經：
性平，味甘、鹹，歸脾、胃、腎經。
養生功效：滋陰潤燥、益精補血。
相宜搭配：
排骨＋醋 ▸ 促進鈣的吸收
排骨＋蓮藕 ▸ 滋陰補虛

豬肝

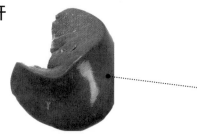

熱量：129大卡／100克
性味歸經：
性溫，味甘、微苦，歸肝經。
養生功效：補血護目、保肝護肝。
相宜搭配：
黑木耳＋豬肝 ▸ 養血通便
菠菜＋豬肝 ▸ 防治貧血

豬肚

熱量：110大卡／100克
性味歸經：
性微溫，味甘，歸脾、胃經。
養生功效：補虛損、益氣血、健脾胃。
相宜搭配：
豬肚＋蓮子 ▸ 補中益氣、益腎固精
豬肚＋白果 ▸ 益氣補中

豬肺

熱量：84大卡／100克
性味歸經：性寒，味甘，歸肺經。
養生功效：補虛損、潤肺。
相宜搭配：
豬肺＋銀杏 ▶ 潤肺
豬肺＋紅蘿蔔 ▶ 補肝補肺

豬蹄

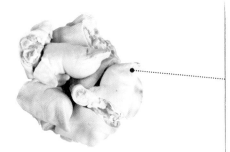

熱量：260大卡／100克
性味歸經：
性微寒，味甘、鹹，歸胃經。
養生功效：
強筋健骨、增強皮膚彈性。
相宜搭配：
豬蹄＋花生 ▶ 增強記憶、美容潤膚
豬蹄＋黃豆 ▶ 增強皮膚彈性

豬血

熱量：55大卡／100克
性味歸經：
性平，味鹹，歸心、肝經。
養生功效：
促進排毒、補血、防治缺鐵性貧血。
相宜搭配：
豬血＋菠菜 ▶ 補血
豬血＋韭菜 ▶ 排毒

山藥燉鴨

滋陰補虛
健脾胃

山藥可健脾益胃、補腎固腎；鴨肉可滋陰養胃、健脾補虛，二者一起煲湯，補虛效果非常好。

材料

鴨子…半隻（約400克）
山藥…200克
紅棗…10克
鹽…6克
蔥段、薑片、八角、花椒、香葉、陳皮、黃酒…各適量
蔥花、胡椒粉…各少許

做法

① 將鴨子收拾乾淨後切塊，入冷水中煮開，關火撈出鴨塊，用水反覆沖洗兩三次；山藥洗淨，去皮切塊。

② 鍋中加冷水，放入鴨肉、蔥段、薑片、八角、花椒、香葉、陳皮，大火燒開後放黃酒、紅棗，轉中小火燉50分鐘，加鹽調味，放山藥塊再燉15分鐘，出鍋前加胡椒粉和蔥花即可。

山藥羊肉湯

健脾
暖胃

山藥中含有澱粉酶、多酚氧化酶等物質，有利於增強脾胃消化吸收功能；羊肉可益氣補虛，促進血液循環，增強禦寒能力，特別適合寒冷的冬季常食。

材料

山藥…200克
羊肉…150克
蔥花、薑末、蒜末、太白粉水、鹽、雞精、植物油、清湯…各適量

做法

① 山藥洗淨，去皮切片；羊肉洗淨，切絲，用植物油煸炒至變色後撈出。

② 鍋置火上，倒植物油燒至八分熱，放入蔥花、薑末、蒜末爆出香味，放入山藥翻炒，倒入適量清湯，加入羊肉片，加鹽、雞精調味，用太白粉水勾芡即可。

銀耳木瓜排骨湯

保護肝臟 美容養顏

銀耳能提高肝臟解毒能力，可保肝臟。木瓜中的維他命C能防止細胞受到氧化傷害。此湯有保護肝臟、美容養顏之功效。

材料

豬排骨…250克
乾銀耳…5克
木瓜…100克
鹽…4克
蔥段、薑片…各適量

做法

① 銀耳泡發洗淨，撕成小朵；木瓜去皮、去籽，切成滾刀塊；排骨洗淨切段，汆燙備用。

② 湯鍋加清水，放入排骨、蔥段、薑片同煮，大火燒開後放入銀耳，小火慢燉約1小時。

③ 把木瓜放入湯中，再燉15分鐘，調入鹽攪勻即可。

特別提醒

選購木瓜時，要黃中帶綠，不一定要全黃，但要表皮光滑，軟硬適中。孕婦和過敏體質者不宜食用木瓜。

羊雜湯

滋補五臟 補虛益精

羊雜湯就是用羊內臟下水煲的湯，可補心、補肝、補肺、健脾胃，滋補五臟，還能補血益血、益精髓。

材料

羊心、羊肺、羊肚、羊腸、羊肝…各50克
香菜…1棵
醋、鹽、味精、料酒、胡椒粉、整蔥、薑塊、蔥花、薑末、蒜末、香菜末…各少許

做法

① 羊肺洗淨，每個肺葉上直劃一刀，入沸水中略燙，撈出洗淨，切長方片；羊腸、羊肚加鹽揉搓，去黏液及肚油雜質，放入沸水中煮10分鐘，撈出後切長方片；羊心、羊肝洗淨，入沸水中略煮，撈出後也切長方片。

② 羊雜、整蔥、薑塊放在湯鍋中，加清水、料酒，大火煮沸，撇去浮沫，轉中小火燉3個小時，挑出蔥、薑，將羊雜與湯一起盛入湯碗中，加鹽、味精、胡椒粉、蔥花、薑末、蒜末、醋和香菜末調好口味即可。

蓮子豬肚湯

潤肺止咳

材料

毛肚…150克
去心蓮子…50克
植物油、蔥段、薑片、鹽、
料酒、味精、白糖…各適量

做法

① 毛肚洗淨，切片；去心蓮子洗淨，放入水中泡軟。

② 鍋內倒植物油燒熱，下蔥段、薑片炒香，加入適量熱水，下蓮子煮30分鐘。

③ 然後下毛肚，用鹽、味精、白糖、料酒調好口味，煮至再次開鍋即可。

蓮子富含蛋白質、礦物質及多種維他命，可養心安神、防老抗衰。這道湯具有潤肺止咳、滋補肺腎的功效。

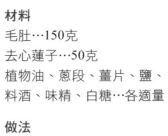

西湖牛肉羹

補氣養血
強筋健體

材料

牛瘦肉…150克	鹽…4克
豆腐…100克	料酒…5克
乾香菇…5克	白糖…3克
雞蛋清…1顆	雞精…2克
香菜末…10克	胡椒粉…1克

太白粉水、香油…各適量

做法

① 牛瘦肉洗淨，剁成末，先在沸水中過一下水至變色撈出；乾香菇泡發，去蒂，洗淨，切小粒；豆腐洗淨，切成小丁。

② 鍋置火上，倒入適量水煮開，依次放入牛肉末、豆腐丁、香菇粒、料酒，小火煮2分鐘。

③ 開鍋後，先加鹽調味，將太白粉水攪勻，開大火邊攪拌邊倒入湯中至稍濃稠時，轉中火加蛋清，邊加邊攪拌，放入白糖、胡椒粉、雞精、香菜末、香油，拌勻即可。

牛肉可補脾胃、益氣血、提高免疫力、強筋健體，氣血兩虧者、病後體虛者尤其適合常吃此湯。

特別提醒

牛肉末提前過水，可以去掉浮沫，否則會影響湯的顏色。也可直接冷水入鍋，水開後撇去浮沫。感染性疾病、肝病、腎病的人不宜食用此湯。

水產湯主要以各種魚類、蝦、蟹、貝類和海藻類等作為原料，能為人體提供優質蛋白質、不飽和脂肪酸、多種維他命及碘、鉀等礦物質，不但口味鮮香，而且其中脂肪含量較低，易於消化，是小孩和老人的最佳補品。

鮮美海鮮湯

煲湯小竅門

- 魚類適合用蔥、薑、料酒、牛奶等調味。

- 宰殺魚類時若不小心弄破苦膽，可以用小蘇打或發酵粉塗抹，然後沖淨即可去除苦味。蝦類可以用薑、茶葉等調味。

- 貝類可以選用蒜泥、檸檬調味。

- 用溫水、白醋能去除黃鱔的黏液、汙物和腥味。

- 海參、魷魚等本身無過多味道，最好用基礎湯煮製，且配合味道較濃的配料，比如香菇。

適合煲海鮮湯的食材圖鑑

鯽魚

熱量：108大卡／100克
性味歸經：
性温、味甘，歸胃、大腸經。
養生功效：
補充蛋白質、美膚平皺、催乳通絡。
相宜搭配：
鯽魚＋冬瓜湯 ▶ 清熱解毒、利尿消腫
鯽魚＋豆腐 ▶ 補鈣

鯉魚

熱量：109大卡／100克
性味歸經：
性平，味甘，歸脾、腎、肺經。
養生功效：安胎通乳、健腦益智。
相宜搭配：
鯉魚＋黃瓜 ▶ 預防皺紋、對抗皮膚老化
鯉魚＋香菇 ▶ 美容養顏

鱔魚

熱量：89大卡／100克
性味歸經：性寒、味鹹，歸肝、胃經。
養生功效：防治眼部疾病、補腦降糖。
相宜搭配：
鱔魚＋蓮藕 ▶ 滋陰健脾
鱔魚＋大蒜 ▶ 健胃順氣

螃蟹

熱量：103大卡 / 100克
性味歸經：
性寒、味鹹，歸肝、胃經。
養生功效：
滋補、增強免疫力、化瘀養生。
相宜搭配：
螃蟹＋薑 ▶ 祛寒
螃蟹＋豆腐 ▶ 恢復體力

蝦

熱量：87大卡 / 100克
性味歸經：
性溫、味甘，歸脾、腎經。
養生功效：
保護血管、預防骨質疏鬆、補腎壯陽、明目強身。
相宜搭配：
蝦仁＋冬瓜 ▶ 利尿消腫，清熱解毒
蝦＋韭菜 ▶ 補腎壯陽、改善男性早洩

牡蠣

熱量：73大卡 / 100克
性味歸經：
性微寒，味鹹，歸肝、膽、腎經。
養生功效：降低血壓、健腦益智。
相宜搭配：
牡蠣＋菠菜 ▶ 改善更年期不適症狀
牡蠣＋牛奶 ▶ 預防骨質疏鬆

蘿蔔蛤蜊湯

材料

帶殼蛤蜊…500克

白蘿蔔…100克

香菜末、蔥花、薑絲、胡椒粉、
鹽、香油…各適量

做法

① 將蛤蜊放入淡鹽水中吐淨泥沙，然後洗淨，煮熟，取肉；白蘿蔔洗淨，切絲。

② 湯鍋置火上，加蔥花、薑絲和適量煮蛤蜊的原湯，放入白蘿蔔煮熟，再放入蛤蜊肉煮沸，用鹽、胡椒粉和香油調味，撒上香菜末即可。

益肺補腎
健膚美容

蛤蜊具有滋陰潤燥、利尿消腫的作用；白蘿蔔有消食化積的作用。二者混合成湯能達到益肺補腎、健膚美容的功效。

鯽魚冬瓜湯

鯽魚可利水消腫；冬瓜有護腎的功效，能增加排尿量。鯽魚冬瓜湯可輔助治療慢性腎炎。

清熱解毒
利尿消腫

材料
淨鯽魚…1條
冬瓜…300克
鹽、胡椒粉…各3克
蔥段、薑片、清湯、料酒、
植物油…各適量

做法
① 鯽魚洗淨；冬瓜去皮、去瓤，切片。鯽魚洗淨；冬瓜去皮、去瓤，切片。
② 鍋置火上，放油燒至六分熱，放入鯽魚煎至兩面金黃出鍋。
③ 鍋內留底油燒至六分熱，放薑片、蔥段煸香，放入鯽魚、料酒，倒入適量清湯大火燒開，改小火燜煮3分鐘，加冬瓜煮熟後，加鹽、胡椒粉即可。

螃蟹瘦肉湯

蟹乃食中珍味，素有「一盤蟹，頂桌菜」的民諺，不但味美，營養也很豐富，是一種高蛋白的補品。

營養
全面

材料
螃蟹…150克　　豬瘦肉…80克
山藥…100克　　鹽…適量
鮮貝、熟青豆…各50克

做法
① 豬瘦肉洗淨，切塊，放入沸水中汆燙後撈出；螃蟹洗淨，放沸水中略為汆燙後撈出備用；山藥去皮，洗淨，切塊；鮮貝洗淨。
② 煲鍋置火上，倒入適量清水煮沸，放入豬瘦肉塊、螃蟹、鮮貝、山藥，大火煲8分鐘。
③ 加入熟青豆略煮，加鹽調味即可。

特別提醒
死螃蟹不能食用，螃蟹性寒，孕婦不宜食用，吃螃蟹時也不可飲用冷飲，會導致腹瀉。

美味甜湯

甜湯主要以薯類、穀類、水果、乾果等作為原料，味道香甜軟嫩。可以作為甜湯的材料很多，不同的材料具有不同的功效，再搭配上不同的輔料，可發揮滋潤洩熱、止渴生津、美容養顏、滋陰除煩、補血安神等功效。

煲湯小竅門

- 水果適合烹製甜羹，但要選擇新鮮的蔬果。
- 先用大火將食材煮熟，再用小火慢慢煲至熟爛。
- 調味時可選用冰糖、糖桂花、酸梅、牛奶、蜂蜜等。

適合煲甜湯的食材圖鑑

銀耳

熱量：200大卡 / 100克

性味歸經：

性平、味甘，歸肺、胃、腎經。

養生功效：

美容瘦身、預防骨質疏鬆、解毒、抗腫瘤。

相宜搭配：

銀耳＋冰糖 ▶ 滋補潤肺

銀耳＋蓮子 ▶ 清心、安神、潤膚

紅薯

熱量：99大卡／100克

性味歸經：

性平，味甘，歸胃、大腸經。

養生功效：

通便排毒、減肥瘦身、益壽養顏。

相宜搭配：

紅薯＋小米▸潤腸通便、健脾養胃

紅薯＋白菜▸排毒、減肥

紅豆

熱量：309大卡／100克

性味歸經：

性平，味甘、酸，歸心、小腸經。

養生功效：補血、解毒排膿、通乳。

相宜搭配：

紅豆＋薏仁▸祛濕消腫

紅豆＋黑米▸補虛滋陰

綠豆

熱量：316大卡／100克

性味歸經：性寒，味甘，歸心、胃經。

養生功效：清熱解毒、解暑去燥。

相宜搭配：

綠豆＋百合▸消暑、去火

綠豆＋蓮子▸解暑、清心

紅棗

熱量：264大卡／100克
性味歸經：
性平、溫，味甘，歸脾、胃經。
養生功效：
增強體質、保護肝臟、補血養顏。
相宜搭配：
紅棗＋百合▶安神、滋陰補血
紅棗＋芹菜▶滋潤皮膚、抗衰老

蘋果

熱量：52大卡／100克
性味歸經：性平、味甘，歸脾、胃經。
養生功效：
降壓、美容護膚、排毒、防治便祕。
相宜搭配：
蘋果＋綠茶▶防癌、抗老、美容
蘋果＋銀耳▶可潤肺止咳、排毒美容

蘋果雪梨銀耳湯

美容去斑

材料
雪梨…1顆
蘋果…半顆
荸薺…50克
銀耳…20克
枸杞、陳皮…各適量

做法
① 將雪梨、蘋果洗淨，切塊；荸薺削去外皮；銀耳泡發，去黃蒂，撕成小朵備用。
② 鍋中放適量清水，放入陳皮，待水煮沸後，再放入雪梨塊、蘋果塊、銀耳、枸杞和荸薺，大火煮約20分鐘，轉小火繼續煮2個小時即可。

特別提醒

隔夜銀耳不能吃，因為銀耳含有較多的硝酸鹽類，煮熟後如果放的時間比較久，在細菌的分解作用下，硝酸鹽會還原成亞硝酸鹽，極易產生致癌物質亞硝胺。

銀耳中富含天然植物性膠質，再加上它的滋陰作用，長期食用可以潤膚，並有去除臉部黃褐斑、雀斑的功效。此湯有美容去斑、抗衰老的作用。

銀耳含有植物性膠質、膳食纖維及維他命等多種養分，常吃能增加膠原蛋白，去除臉部黃褐斑、雀斑，讓肌膚亮白柔嫩有彈性。

柑橘銀耳湯

滋潤肌膚

材料

柑橘…200克

水發銀耳…50克

乾蓮子…5克

冰糖、枸杞…各適量

做法

① 乾蓮子先用清水浸泡6個小時，洗淨後撈出備用；柑橘洗淨，剝下皮，將皮切成細絲，柑橘肉掰成小瓣；銀耳洗淨，撕成小朵。

② 湯鍋放火上，加冰糖、蓮子、銀耳和適量冷水，大火煮沸後轉小火煮10分鐘，放入柑橘肉、柑橘皮細絲、枸杞，小火再煮10分鐘即可。

百合能潤燥清熱，適用於肺燥或肺熱咳嗽等症，與綠豆和紅豆一起煮粥食用，潤肺止咳、滋陰清熱的功效甚佳。

百合雙豆甜湯

潤肺止咳
滋陰清熱

材料

綠豆、紅豆…各50克

乾百合…5克

冰糖…適量

做法

① 提前一天晚上將綠豆、紅豆泡在盆裡，以備第二天使用；乾百合用清水泡軟，洗淨備用。

② 鍋置火上，把泡好的綠豆、紅豆放入鍋內，加1,200毫升清水大火煮開，然後改小火煮至豆子軟爛，再放入百合和冰糖稍煮片刻，攪拌均勻即可享用。

特別提醒

煮這道百合雙豆甜湯時要先將綠豆、紅豆浸泡一個晚上，這樣可以縮短煮湯時間。

藥食同源的藥膳湯

藥膳湯是依據「藥食同源」的理論，將一些藥食兩用的食材用來煲湯。藥膳湯有補虛、補血、固本等功效。煲藥膳湯的時候，要注意根據季節和個人體質合理選擇藥材。

煲湯小竅門

● 煲藥膳湯宜選用沙鍋、陶器、搪瓷器皿、不鏽鋼器皿和玻璃器皿，其中以沙鍋為最佳。不宜選用金屬器皿，如鐵、銅、鋁等器皿，因為金屬器皿在煎煮藥時會與中藥內多種成分發生化學反應而影響品質。

適合煲藥膳湯的藥材圖鑑

肉桂

性味歸經：
味辛、甘；性大熱；歸腎、脾、心、肝經。

養生功效：
温中止痛、活血通脈、補火助陽、健胃、降糖。

相宜搭配：
肉桂＋白米▶温中補陽、散寒止痛
肉桂＋豬腰▶温陽散寒

食用禁忌：
陰虛火旺、裡有實熱，血熱妄行及孕婦禁服；肉桂性熱，適合天涼時節食用，夏季忌食桂皮。

黃耆

性味歸經：
味甘，微溫；歸肺、脾、肝、腎經。

養生功效：
降低血糖、降低血壓、增強心臟功能、益氣固表。

相宜搭配：
黃耆＋黑豆 ▶ 補中益氣，固表止汗
黃耆＋鯉魚 ▶ 補脾益氣、利濕消腫

食用禁忌：
黃耆不宜與蘿蔔搭配烹調，兩者同食有損健康；感冒、經期期間不宜食用黃耆；陰虛體質、氣鬱體質者不宜食用。

黨參

性味歸經：
性平；味甘、微酸；歸脾、肺經。

養生功效：
補中益氣、和脾胃、除煩渴、增強造血功能、增強記憶力。

相宜搭配：
黨參＋紅棗 ▶ 補脾和胃、益氣生津

食用禁忌：
氣滯、怒火盛、中滿有內火者禁用黨參。

人參

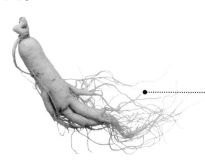

性味歸經：
性平；味甘、微苦，微溫；歸脾、肺經、心經。

養生功效：
補五臟、明目、改善心臟功能、抗衰老。

相宜搭配：
人參＋紅棗 ▶ 補充氣血

食用禁忌：
高血壓患者慎用人參，因為人參會使血壓升高；服人參後，不可飲茶，免使人參的作用受損。

當歸

性味歸經：
味甘、辛；性溫。歸肝、心、脾經。
養生功效：
補血、美容去斑、調經止痛。
相宜搭配：
當歸＋羊肉▶補虛、暖胃
食用禁忌：
熱盛出血者禁服，濕盛中滿、大便溏
泄者、孕婦慎服；月經過多、有出血
傾向以及陰虛內熱者不宜服用。

杜仲

性味歸經：
味甘；性溫；歸肝、腎經。
養生功效：
補中益精氣、堅筋骨、降血壓、抗衰
老、增強免疫力。
相宜搭配：
杜仲＋豬腰▶補肝腎、強筋骨
杜仲＋羊骨▶健骨強腰
食用禁忌：
陰虛火旺者、低血壓者不宜服用。

杜仲核桃豬腰湯

緩解腎虛腰痛

杜仲是補肝腎、強筋骨的中藥，常用於肝腎不足引起的腰膝酸痛等症狀；豬腰滋補腎陰。這道湯是輔助治療腎虛腰痛、腰肌勞損及急性腎炎恢復期腰痛的良方。

材料

豬腰…1對

杜仲、核桃仁…各30克

香油…5克

鹽…3克

雞精、胡椒粉…各2克

做法

① 豬腰洗淨，從中間剖開，去掉脂膜，切成片。

② 將豬腰片和杜仲、核桃仁一起放入沙鍋中，加入適量水，大火燒沸，轉小火燉煮至熟，用雞精、胡椒粉、鹽、香油調味即可。

當歸生薑羊肉湯

溫中止痛去寒

羊肉性溫，能補氣養血、溫中散寒；當歸性溫，可補血活血；生薑能溫中和胃。冬季手腳不溫、乏力、肢體疼痛、血循環差的人食用此湯，可以溫經補血，溫中止痛、去寒。

材料

羊瘦肉…250克

當歸…15克

鮮薑片…15克

鹽…4克

雞精…2克

做法

① 羊瘦肉去淨筋膜，洗淨，切塊，放入沸水中汆燙去血水；當歸洗淨浮塵。

② 鍋置火上，倒油燒至七分熱，炒香薑片，放入羊肉塊、當歸翻炒均勻，倒入適量清水，大火燒開後轉小火煮至羊肉爛熟，加鹽和雞精調味，去當歸、生薑食肉喝湯即可。

材料

烏骨雞…300克

黨參…20克

薑片、鹽、枸杞、桂圓…各適量

做法

① 將烏骨雞洗淨,切塊,用沸水略燙煮後撈出;黨參洗淨,切段。

② 鍋煲中放入雞塊、黨參、薑片、枸杞、桂圓肉、鹽,再加適量清水,隔水蒸2個小時即可。

特別提醒

黨參是常見的中藥材,很多地方有售,但是為了安全一定要去正規藥店購買。

黨參枸杞煲烏骨雞

滋陰補氣

烏骨雞性平、味甘,具有滋陰清熱、補肝益腎、健脾止瀉等作用;黨參為中醫常用的傳統補益藥,具有補中益氣、健脾益肺之功效。此湯有滋陰補氣、提高身體免疫力的作用。

人參豬肚湯

補五臟

人參能補益五臟，健脾的效果更為突出：豬肚能健脾胃，適宜脾胃虛弱的人食用。

人參與豬肚一同煮湯食用，健脾養胃的功效更好，可輔助治療胃脘冷痛、食慾不振。

材料

人參…10克	蔥段…5克
豬肚…250克	薑片…10克
核桃仁…20克	鹽…4克
醬油、料酒…各8克	

做法

① 人參洗淨浮塵；豬肚清洗乾淨，切絲。

② 人參放入沙鍋中，加適量清水浸泡20～30分鐘後置火上，放入豬肚、核桃仁、蔥段、薑片，淋入醬油、料酒及沒過鍋中食材約3公分的清水，大火燒開後轉小火煮至豬肚熟透，加鹽調味即可。

黃耆烏骨雞湯

增強抵抗力

中醫認為，黃耆能補中益氣，固表止汗；烏骨雞能補益氣血。兩者搭配，能增強身體抵抗力。

材料

烏骨雞…600克

黃耆、紅蘿蔔…各30克

蔥絲、薑絲…各10克

鹽…5克

胡椒粉…2克

做法

① 烏骨雞宰殺，去內臟，清洗乾淨；黃耆切片；紅蘿蔔洗淨，切片。

② 用沸水把烏骨雞氽燙一下，瀝去血水，放入大湯碗中，配上黃耆和紅蘿蔔。

③ 將鹽、胡椒粉用水化開，澆在黃耆和烏骨雞上，上鍋蒸半小時即可。

特別提醒

烏骨雞會生熱助火，因此急性菌痢腸炎初期、嚴重皮膚病患者及有發熱、咳嗽等症狀的感冒患者忌食。

時間裡的味道

老火湯又稱廣府湯，是廣府人傳承數千年的食補養生祕方，用慢火煲煮而來，火候足、時間長，既有藥補之養生功效，又有甘甜之上好口感。這款靚湯，不僅是美食，也是保健防病的藥膳湯。

廣東 老火湯

製作特色

① 湯料食材廣泛，蔬菜、水果、肉類、海鮮、藥材等都能入湯。

② 煲煮時間長，一般要經數小時。

③ 文火熬煮，因為要想湯清，不渾濁，必須用文火燒，使湯只開鍋、不滾騰。

廣東人的飲食無湯不歡

　　廣東地區濕熱嚴重，懂得養生的廣東人就根據自身的身體特點和氣候條件，將許多藥食同源的食材入湯，既能補水又溫和養生，並形成了一種飲食文化。一個地道的廣東人，吃飯時一定少不了湯，而且他們會先喝湯後吃飯，還會根據時令煲不同的湯。在廣東，幾乎每一家的女主人都煲得一手好湯，注意煮湯的每一個細節，如果你去做客，她會親手煲美味的湯來款待你。

天南海北話湯羹
各地特色湯品薈萃

俗話說：「唱戲的腔，廚師的湯。」湯是人們所吃的各種食物中最營養、最易消化的一種，在飲食中占有重要的地位。中國的湯文化歷史悠久，有些地方特色湯享譽天下。

金銀花煲老鴨

毒暑陰
解解滋

材料
老鴨…半隻
金銀花…15克
無花果…20克
薑片、鹽…各適量

做法
① 將老鴨洗淨，剁塊，汆燙去血水；金銀花洗淨備用。
② 將所有原料放入湯煲中，大火煮開後，轉小火燉煮2～3小時，加適量鹽調味即可。

金銀花可以清熱解毒、解暑，老鴨可滋陰潤燥，二者一起煲湯可滋陰補虛、清熱解毒，非常適合夏季飲用。

在魚羹裡吃出蟹的滋味

要說浙江的名菜，宋嫂魚羹當之無愧，此湯從南宋就開始流行，已有八百多年的歷史。此湯是將皮氏叫姑魚或鱸魚肉撥碎後添加配菜煲煮而成，味、形均似燴蟹羹菜，因此又稱賽蟹羹。

宋嫂魚羹的美麗傳說

宋嫂魚羹始自南宋。據說南宋時，宋高宗乘舟游西湖，有一個叫宋五嫂的人在西湖邊賣魚羹維持生計。高宗吃了她做的魚羹後讚不絕口，賜給了她金、銀和絹。從此，宋五嫂聲名鵲起，人們爭相來品嚐她的魚羹，此魚羹由此得以流傳。現在的宋嫂魚羹是經歷代廚師不斷改善提升的，配料更加精細講究。

製作特色

❶ 正宗的宋嫂魚羹是以皮氏叫姑魚或鱸魚為原材料，但家常吃法也可用草魚等。

❷ 製作此湯時，魚要去頭、去尾，取中斷肉，並且要剔除魚腹處的肉。

❸ 製作步驟有一步是先將魚肉蒸熟，蒸熟後要撥選出淨魚肉，不帶一點魚骨和魚皮，並將淨魚肉弄碎。

材料

鮭魚…1條（約500克）
熟火腿絲、水發香菇絲、
鮮竹筍絲…各30克
雞蛋…2顆（取蛋黃）
大蔥段、薑絲…各20克
醋、太白粉水…各10克
鹽、黃酒、醬油、
小蔥段、雞湯…各適量

做法

① 鮭魚洗淨，去頭尾，擦乾，沿魚的主骨把中段片成2大片，2片魚肉的魚皮朝下放盤中，加小蔥段、薑絲、黃酒和鹽醃5分鐘，上籠蒸7分鐘至熟；取出去掉香蔥段、薑絲，倒出湯汁；魚肉撥碎，挑出魚皮魚骨，將湯汁倒回魚肉中拌勻。

② 鍋內倒油燒熱，煸香大蔥段，加雞湯和黃酒煮沸，放鮮竹筍絲和香菇絲煮開，將魚肉連同原汁入鍋，調醬油和鹽，用太白粉水勾薄芡，調蛋黃液，加醋，盛出，撒火腿絲、薑絲和香蔥段即可。

宋嫂魚羹

營養豐富
提高
免疫力

此湯極易消化，口感細膩，老幼皆宜，可促進消化、增進食慾。

一罐煨盡天下奇香

瓦罐湯，是贛菜的代表，至今已有一千多年的歷史，採用古老的煨製工藝，是以瓦罐為器，精配食物和天然礦泉水，用木炭火恆溫加熱，煨製達七小時以上而成。

瓦罐湯
江西

瓦罐湯得之偶然

　　相傳北宋嘉祐年間，眾人到贛地遊覽美景，在一風景絕佳處駐足觀光，命隨從就地烹煮魚、雞，夜幕降臨時，眾人意猶未盡，相約次日再來，臨走時隨從將剩餘的雞、魚及佐料放入瓦罐內，注滿清泉，封了蓋，放進未熄的灰爐中用土封存，只留一個小孔通氣。第二天，眾人來到此處，將瓦罐取出，剛一開蓋便香氣撲鼻，味道更是絕佳。後來，一個飯莊的掌櫃得知此事後，將這個方法加以發揮，便有了瓦罐煨湯。

製作特色

❶瓦罐湯是用缸底可用木炭加溫的大瓦缸製作，缸內有鐵架，可放30多個小瓦罐，借用大瓦缸內的熱氣將小瓦罐內的湯煨熟，這避免了直接煲煮，煨出的湯鮮香味濃，滋補不上火。

❷煨湯時，先將備好的原料和調料放入小瓦罐內，加純淨水，蓋好蓋，然後把瓦罐放入大瓦缸內的鐵架上，煨數小時至十幾小時。

材料
淨土雞…1隻
茶樹菇…50克
薑片…5克
蔥段…5克
鹽、料酒…各適量

做法
① 土雞洗淨，剁塊；茶樹菇洗淨切段。
② 將土雞塊入沸水中汆燙去血水，撈出洗淨。
③ 取瓦罐，將雞塊、茶樹菇、蔥段、薑片放入，加適量純淨水和料酒，蓋上蓋，放入大瓦缸中煨5小時即可。

茶樹菇土雞湯

補血補虛

茶樹菇可益氣開胃、健脾止瀉、補腎滋陰、抗衰老，土雞可補氣補血補虛。此湯滋補效果好，十分適合貧血者及孕婦、產婦和消化力弱的人補養。

做不來酸湯嫁不了人

貴州人愛吃酸，有人形容為「三天不吃酸，走路打躥躥」，當地甚至有「做不來酸湯嫁不了人」的俗話。貴州酸湯的種類很多，在眾多的酸湯風味中，酸湯魚是一大特色，都說到貴州不能不吃酸湯魚。

貴州
酸湯魚

無情美酒變酸湯

　　相傳在很久以前，苗嶺山上居住著一位美麗的姑娘叫阿娜，能歌善舞，還會釀製香如幽蘭的美酒。周圍村子裡的小夥子們都十分愛慕她，爭先恐後來求愛。姑娘對待每一位求愛者都送上一碗自釀的美酒，如果小夥子喝後覺得奇酸無比，姑娘便會拒絕她。夜幕降臨時，那些被拒絕的小夥子們會隔山唱起山歌，呼喚姑娘來相會，姑娘就以歌回應：「酸溜溜的湯喲，酸溜溜的郎，酸溜溜的郎喲聽妹唱；三月檳榔不結果，九月蘭草無芳香，有情山泉變美酒，無情美酒變酸湯……。」

製作特色

❶苗家傳統的酸湯魚是將魚用淨水養幾天後煮製，是煮活魚，不宰殺。

❷製作酸湯魚可以用鯰魚、黑魚、草魚、鯉魚等。

❸貴州常見的酸湯有：高酸湯、上酸湯、二酸湯、濃酸湯、鹹酸湯、辣酸湯、麻辣酸湯、鮮酸湯、雞酸湯、魚酸湯等。

材料

淨草魚…1條
黃豆芽…150克
豆腐…200克
番茄、薑塊、香蔥段…各50克
鹽…10克
雞精…15克
木姜油…5克
紅酸湯…2千克

做法

① 將魚洗乾淨，在背脊處從頭到尾每3公分處依次斬斷，保持腹部相連；豆腐成塊，番茄切片。

② 鍋置火上，倒入植物油，放入薑塊、香蔥段爆香，倒入紅酸湯，大火燒開，下黃豆芽、豆腐、魚，同煮至熟，調入鹽、雞精、木姜油，下番茄片起鍋即成。

酸湯魚

增進食慾

此湯口感酸辣，可開胃、健脾，促進食慾。

舌尖上的千古傳奇

胡辣湯是河南傳統風味，河南人對胡辣湯可用痴迷來形容，都說有河南人的地方就有胡辣湯。河南胡辣湯有羊肉胡辣湯和牛肉胡辣湯兩種口味，都具有湯鮮香、黏稠，味辣中帶酸的特色。

不同風味的胡辣湯

胡辣湯又可分為以下六種風味：北舞渡胡辣湯，堪稱胡辣湯中的極品；西華縣逍遙鎮胡辣湯，據今已有六百多年歷史；開封胡辣湯，因為加入炸豆腐，喝起來有一股濃郁的豆香味。此外，還有許昌胡辣湯、南陽胡辣湯、汝州胡辣湯。

河南
胡辣湯

製作特色

❶ 胡辣湯，顧名思義，一定會加入胡椒，因此具有增加食慾、健胃祛風的作用。

❷ 胡辣湯是用羊骨湯或者牛骨湯做底料煲製的。

此湯具有消食開胃、化痰止咳、祛風祛寒、活血化瘀等功效。

材料

羊肉、羊骨⋯各500克
麵粉⋯200克
菠菜⋯100克
豆腐絲、海帶絲、
花生米、粉條⋯各50克
胡椒粉、鹽、八角、
胡椒、桂皮、白芷、
陳皮、料酒、香醋、
香油⋯各適量

做法

① 將羊肉、羊骨洗淨;將八角、胡椒、桂皮、白芷、陳皮包成香料包;海帶絲、花生米分別洗淨;粉條泡軟,洗淨,剪短;菠菜洗淨,切段。

② 將羊肉、羊骨放清水鍋中煮沸,撇去浮沫,加入香料包,中火燉2個小時至肉熟後,將肉、骨和香料包撈出,肉切小塊,留湯。

③ 將麵粉加少許鹽和清水和成麵糰,醒幾分鐘,然後逐次加水反覆壓揉,將麵筋析出,然後將麵筋取出,用清水浸泡,洗過麵筋的水留用。

④ 將肉湯放入鍋內,加適量清水,放入海帶絲、花生米、麵筋片、羊肉塊、鹽、料酒。

⑤ 煮沸後,將麵筋拿起,拉成薄餅,在開水中來回蕩,使麵筋成絲後落入鍋中;將洗麵筋的水攪勻,徐徐勾入鍋內,待其稀稠均勻時,加入粉條煮10分鐘,最後放入胡椒粉攪勻,再撒入菠菜,湯燒開後即成,食用時淋入香醋、香油。

難以抗拒的東北味

一提起燉菜，一定非東北莫屬，豬肉燉粉條、五花肉燴酸菜是很多人都熟悉和喜愛的。東北菜就像東北人的性格一樣豪爽、大氣、豪放、熱情又不拘一格。東北人做湯也用燉的方法，最具代表性的就是這道酸菜排骨湯了，鮮鹹可口、噴香味濃。

東北酸菜排骨湯

東北菜源於闖關東

　　雖然東北菜未被列入八大菜系中，但是仍不影響人們對它的喜愛。東北菜的發展很有淵源，是在滿族菜餚的基礎上，吸收各地菜系的長處不斷形成的，特別是魯菜、京菜。尤其受魯菜影響較深，魯菜就是以醬菜、醃菜為主要特色，很符合北方人口味重的飲食習慣要求。闖關東時，山東人就把這些飲食特色帶到了東北。東北有名的大拉皮、小雞燉蘑菇、地三鮮、醬大骨頭、鍋包肉等都十分有名氣。

製作特色

❶製作此湯要選用五花肉，這樣肥瘦適中，口感更好。

❷酸菜不宜醃製太久，否則會產生大量亞硝酸鹽，對健康不利。

材料
豬排骨…500克
酸菜…500克
五花肉…200克
香菜末…20克
薑片…5克
鹽、料酒、
胡椒粉…各適量

做法
① 排骨洗淨，入沸水中汆去血水，撈出洗淨；五花肉洗淨，切片；酸菜洗淨，片成幾層薄片，再切成絲備用。
② 鍋內加足清水，加入薑片大火煮沸，然後下入酸菜、排骨，五花肉，大火煮沸後加入料酒，轉文火繼續煲1個小時，煮到排骨酥爛，最後加入香菜、鹽、胡椒粉調味就可以了。

酸菜排骨湯

促消化
強身健骨

酸菜湯可以解油膩、促消化，含有大量乳酸菌，而且可以解肉的油膩。還能保持胃腸道健康，冬季食用還可滋補暖身。

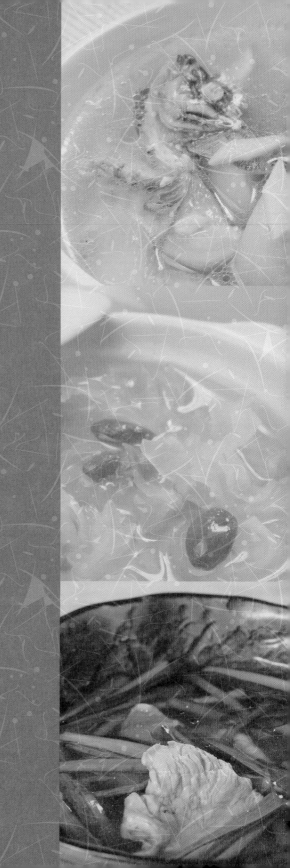

第二章

滋補全家人的營養湯

孕媽咪

推薦食材

蔬菜、菌藻類	大白菜、菠菜、蘆筍、豌豆、南瓜、海帶、紫菜等。
水果類	火龍果、柳橙、香蕉、西瓜、草莓等。
穀、豆類	黃豆、燕麥、白米等。
肉、蛋類	瘦肉、雞蛋、鵪鶉蛋等。
水產類	鯽魚、鯉魚、蝦、蝦皮等。
其他類	牛奶、豆腐、核桃、芝麻等。

關鍵營養素

孕早期：葉酸、蛋白質、鈣等。

孕中期：蛋白質、維他命Ａ、膳食纖維、鈣、鋅、碘等。

孕晚期：碘、ＤＨＡ等。

飲食原則

- 食物種類要齊全，粗細搭配，增加燕麥、小米、豆類等食物的攝入。
- 保證優質蛋白質的充足攝入，適當多吃大豆及其製品、奶類、蛋類等。
- 適量增加新鮮的水果和蔬菜。
- 不吃含咖啡因的食物、辛辣食物、罐頭食品和油炸食物。
- 不宜吃桂圓、人參、馬齒莧、薏仁、螃蟹、山楂等性寒或滑利食物，以免造成流產。

孕期是女性一生中的特殊時期，想要孕育健康的寶寶，就必須有健康的母體，因此在整個孕期中，孕媽咪要提高免疫力來抵抗各種疾病，同時還要為隨之而來的分娩、哺乳和育兒等做好體力上的準備。此外，還要為胎兒各時期的器官發育做好營養儲備。

在懷孕後的前三個月內，孕媽咪要重點式補充葉酸，以預防出現神經管畸形兒，而菠菜就富含葉酸，菠菜還能補鐵、排毒。豬肝富含鐵和維他命A，也可補血、排毒，還能促進寶寶視力發育。

菠菜豬肝湯

預防
神經管
畸形兒

材料
豬肝…100克
番茄…1顆
菠菜…150克
蔥段、醬油、料酒、
麵粉、鹽、胡椒粉、
植物油…各適量

做法
① 豬肝洗淨，切薄片，加醬油、料酒、麵粉、鹽、胡椒粉醃漬2～3分鐘，放入沸水中燙5秒鐘，撈起，瀝乾；番茄洗淨，切塊；菠菜洗淨，切段，在開水中汆燙一下，撈出備用。
② 鍋內倒植物油燒熱，爆香蔥段，放入番茄同炒，淋上醬油，加適量水，煮2分鐘。
③ 轉小火，放入豬肝和菠菜煮沸，加鹽和胡椒粉調味即可。

南瓜牛肉湯

溫暖脾胃

南瓜富含果膠成分，能黏結和消除體內細菌、毒素和其他有害物質，保護胃部不受刺激。牛肉富含鐵、蛋白質和維他命，能幫助胎兒骨骼的生長，搭配做湯，對母子健康均有益。

材料

南瓜…300克
牛肉…250克
鹽…適量

做法

① 南瓜去皮、去瓤，洗淨，切成2公分左右的方塊備用。

② 牛肉洗淨，去筋膜，切成2公分左右的方塊，沸水汆燙至變色後撈出，去血沫。

③ 沙鍋內倒入1,000克左右的清水，大火煮開，放入牛肉，大火煮沸，轉小火煮約1.5小時，加入南瓜再煮30分鐘，加鹽調味即可。

特別提醒

南瓜食用過量，容易使色素沉澱，引起皮膚暫時性發黃，但只要停止食用，就可以自然復原。

奶酪蛋湯

有效補鈣

乳酪含有豐富鈣質，有助於孕期補鈣，可增加孕媽咪食慾。搭配雞蛋、紅蘿蔔、芹菜，補鈣的同時又能增加蛋白質和維他命的攝入。

材料

奶酪…20克
雞蛋…1顆
芹菜…100克
紅蘿蔔…50克
麵粉、鹽…各適量

做法

① 將芹菜和紅蘿蔔洗淨，切成末；把雞蛋磕入碗中打散，加入奶酪和少許麵粉打勻。

② 鍋中加入適量的水，待燒開後，淋入調好的蛋液，然後撒上芹菜末、紅蘿蔔末，煮片刻後加鹽調味即可。

新手媽咪

推薦食材

蔬菜、菌藻類	絲瓜、豌豆、萵筍、白蘿蔔、大陸妹、海帶、香菇等。
水果類	香蕉、蘋果、櫻桃等。
穀、豆類	小米、白米、黃豆、紅豆等。
肉、蛋類	豬蹄、瘦肉、牛肉、雞肉、雞蛋等。
水產類	蝦、鯽魚等。
其他類	黑芝麻、花生、栗子、豆腐、淮山藥等。

關鍵營養素

蛋白質、鐵、鈣。

飲食原則

坐月子期間

● 坐月子時宜吃清淡、稀軟、易消化的食物，如麵片、餛飩、粥，不要太油膩。

● 合理補充蔬菜和水果。

哺乳期

● 不偏食，食物種類要齊全。

● 攝入充足的優質蛋白質，增加魚、肉、蛋等的攝取，有助於促進乳汁分泌。

● 重視蔬菜和水果的攝入。

● 少吃鹽及刺激性食物，不喝濃茶和咖啡。

孕婦分娩時，非常耗損體力，所以氣血、筋骨都很虛弱，在坐月子期間尤其容易受到各種疾病侵襲。坐月子期間通過恰當的食補，能使子宮恢復生產前的大小，氣血經過調理也都能恢復。與此同時，很多女性選擇親餵母乳，所以為了確保乳汁品質，也要格外關注營養。

材料

木瓜…250克
鯽魚…300克
鹽、蔥段、香菜段、
薑片、料酒、雞精、
植物油…各適量

做法

① 將木瓜去皮去籽,洗淨,切片;
   鯽魚除去鰓、鱗、內臟,洗淨。
② 鍋置火上,倒入植物油燒熱,放
   入鯽魚煎至兩面金黃後鏟出。
③ 將煎好的鯽魚、木瓜、蔥段、料
   酒、薑片放在湯鍋內,加入清水
   大火煲40分鐘,加入鹽、雞精調
   味,最後撒上香菜段即可。

木瓜鯽魚湯

促進
乳汁分泌

木瓜中的凝乳酶
有通乳作用,
而鯽魚富含蛋白質,
不僅可以補產後體虛、
利水消腫,
而且催乳效果十分顯著,
哺乳媽媽多食此粥,
可以促進乳汁分泌。

雞湯是補虛催乳的最佳選擇，加上香菇、枸杞，有助於增強新手媽咪的體力，幫助身體恢復。

香菇雞湯

有益
新手媽咪
恢復

材料

雞…半隻

香菇…5朵

枸杞…10顆

料酒、薑片、鹽、香油、香菜段…各適量

做法

① 將雞收拾乾淨，洗淨，切成塊，在沸水中汆燙一下除去血水，撈出洗淨；香菇洗淨，去蒂，從中間剖開；枸杞洗淨。

② 沙鍋放置火上，放入雞肉塊、香菇、薑片、枸杞，加入適量清水，再加入料酒、鹽大火燒開，改小火繼續燉煮30分鐘，撇去浮沫，淋上香油，再撒上香菜段即可。

阿膠能促進體內血紅血球和血紅蛋白生成，十分適合有貧血症狀的媽媽。而且阿膠能促進鈣質吸收，對寶寶生長發育十分有利。

阿膠豬肉湯

預防
產後貧血

材料

瘦豬肉…100克

阿膠…10克

鹽…適量

做法

① 瘦豬肉洗淨，切小塊。

② 鍋內倒入適量的水，大火燒開，下入肉塊，煮約2分鐘，撈起備用。

③ 將豬肉放入燉盅，用小火燉熟後，放入阿膠燉化，再調味即可。

推薦食材

蔬菜、菌藻類	菠菜、芹菜、紅蘿蔔、紅薯、海帶、金針菇等。
水果類	香蕉、蘋果、櫻桃、蘋果等。
穀、豆類	小米、白米、玉米、黃豆、紅豆、綠豆等。
肉、蛋類	豬肉、牛肉、雞肉、雞蛋、鵪鶉蛋等。
水產類	蝦、鯽魚、草魚、黃花魚、牡蠣等。
其他類	芝麻、花生、核桃、紅棗等。

孩童期

關鍵營養素

蛋白質、脂肪、碳水化合物、礦物質、維他命。

飲食原則

● 食物多樣化，以主食為主，粗細搭配。

● 多吃新鮮的蔬菜水果，可以選擇多種顏色的蔬菜搭配在一起，用鮮豔的色彩勾起寶寶的食慾，也可以將蔬菜與水果一起榨汁給寶寶喝。

● 要經常吃魚類、蛋類、禽類以及瘦肉，這些食物含有優質蛋白質，可促進生長，魚類所含的不飽和脂肪酸有利於兒童大腦發育。

● 每天喝奶，以補充鈣質；常吃豆類及豆製品，其所富含的優質蛋白質、不飽和脂肪酸、鈣及維他命B群等，都是寶寶生長發育所必需的營養物質。

與嬰幼兒相比，兒童身體的各種機能已經大大提高，但整體仍處於較為脆弱的狀態。這時期的孩子，身體、智力發育迅速，對營養有很高的需求，家長應該安排均衡的膳食來確保全面的營養供給，以促進兒童健康成長。

材料

雞胸肉…100克

空心菜…150克

枸杞…5克

蔥花…10克

鹽…3克

雞精…1克

太白粉水…少許

做法

① 雞胸肉去淨筋膜，洗淨，切小丁；空心菜擇洗乾淨，切末；枸杞洗淨浮塵。

② 鍋置火上，倒油燒至七分熟，炒香蔥花，放進雞肉丁翻炒至變色，倒入清水，大火燒開後轉小火煮至雞肉丁九分熟，下空心菜煮至斷生，加枸杞略煮，用鹽和雞精調味，再用太白粉水勾芡即可。

翡翠雞肉羹

促進
生長發育

雞肉肉質細膩，易消化，富含優質蛋白質，而且低脂肪、低熱量，孩子食用可促進生長發育。這道菜色彩豐富，能讓孩子有好胃口。

材料

豆腐…300克

干貝…25顆

蔥段、薑絲、鹽…各適量

做法

① 干貝洗淨，用清水浸泡3個小時以上；豆腐切成片。

② 砂鍋中放入清水，大火燒開，撒入蔥段、薑絲，稍煮片刻，然後再放入豆腐、泡好的干貝，大火燒開後改中火，繼續煮15分鐘，加鹽調味即可。

干貝豆腐湯

促進腦力和骨骼發育

豆腐富含蛋白質、鈣和卵磷脂；干貝含鋅，孩子食用此湯可促進腦力和骨骼發育。

材料

草魚…250克

莧菜…150克

玉米粒…50克

鹽…4克

料酒…3克

蔥花、薑絲、麵粉、清湯、太白粉水…各適量

做法

① 草魚處理乾淨，去骨取肉，切丁，用鹽、麵粉、料酒拌勻，醃漬入味；莧菜擇洗乾淨，瀝乾水分，切碎；玉米粒洗淨。

② 鍋置火上，倒入清湯，大火煮沸，放入薑絲、玉米粒，大火煮約10分鐘。

③ 加入醃好的魚肉丁、莧菜稍煮，加鹽調味，用太白粉水勾芡，再撒上蔥花即可。

莧菜魚羹

幫助骨骼發育

莧菜營養豐富而全面，蛋白質、紅蘿蔔素的含量都很高，能促進兒童生長，特別是眼睛的發育；而且鐵、鈣含量豐富，不含草酸，因而湯所含的鈣、鐵進入人體後，很容易就被吸收利用，能促進孩子的骨骼發育。

推薦食材

蔬菜、菌藻類	菠菜、芹菜、韭菜、蓮藕、紅薯、海帶、木耳、金針菇等。
水果類	香蕉、蘋果、櫻桃、蘋果、奇異果等。
穀、豆類	玉米、燕麥、糙米、黃豆、黑豆等。
肉、蛋類	豬肉、牛肉、雞肉、豬蹄、豬腰、羊腰、雞蛋、鵪鶉蛋等。
水產類	蝦、 鮭魚、金槍魚、牡蠣、蛤蜊等。
其他類	芝麻、紅棗、花生、蓮子、枸杞、豆腐、牛奶、蝦皮、豆腐等。

中年人

中年人即將步入更年期，這個年齡層的人，生活壓力較大，上有老，下有小，而且往往處於事業巔峰期，工作壓力也很大。面對生活和工作的壓力，更需要調整好心態，重視營養攝入，以確保健康的體魄。

關鍵營養素

蛋白質、膠原蛋白、維他命C、維他命E、鈣。

飲食原則

● 飲食應粗細搭配，多吃粗糧，如麵食、燕麥等。

● 增加維他命和礦物質的攝入，尤其要增加鈣的攝取量，以預防中年易發的骨質疏鬆症和高血壓。含鈣的食物有蝦皮、牛奶、豆製品等。

● 減少鹽的攝入量，以降低罹患高血壓、腦中風以及心血管疾病的危險，每日攝鹽量應控制在5 克以內，患有高血壓和冠心病者宜更少。

● 總熱量攝入不宜過多，以免造成肥胖。

● 控制動物性油脂的攝入。

材料
豬蹄…500克
花生米…50克
枸杞…5克
鹽、料酒、蔥段、
薑片…各適量

做法
① 豬蹄洗淨，用刀輕刮表皮以去淨毛，剁成小塊，汆燙備用；花生米先在水中浸泡半個小時，然後煮開，撈出備用。
② 湯鍋加清水，放入豬蹄以及料酒、蔥段、薑片大火煮開，慢火燉1個小時，放入花生米再燉1個小時，加枸杞煮10分鐘，再調入適量的鹽即可。

花生豬蹄濃湯

延緩
衰老

豬蹄富含膠原蛋白，可和氣血、潤肌膚，防止皮膚過早衰老；花生富含蛋白質和不飽和脂肪酸，可抗氧化，延緩衰老。中年人，尤其是女性，飲此湯可滋養肌膚、延緩衰老。

豆腐富含鈣和大豆異黃酮成分，大豆異黃酮是一種類似雌激素的物質，可調節女性體內的雌激素，從而延緩衰老、防止骨質疏鬆。

香芹豆腐羹

防止
雌激素
下降

材料

芹菜…100克

豆腐…200克

鹽…3克

香油…2克

高湯、太白粉水、雞精、

胡椒粉…各適量

做法

① 豆腐洗淨，切成1公分見方的小塊，汆燙；芹菜洗淨，切小段，留嫩葉。

② 湯鍋加高湯煮沸，倒入豆腐塊、芹菜段，用勺輕輕攪動。

③ 中火燒至湯微沸，調入鹽、雞精和胡椒粉，用太白粉水勾芡，淋上香油，再撒幾片芹菜葉即可。

豬腰子具有健腎補腰、和腎理氣的功效，可用於輔助治療腎虛腰痛、水腫、耳聾等症。適宜中年男子由腎虛引起的腰酸腰痛、遺精、盜汗者食用。

腐皮腰片湯

和腎
理氣

材料

豬腰子…1個

豆腐皮…100克

蔥末、薑末、香菜末…各10克

料酒…8克

鹽…2克

胡椒粉、雞精…各1克

做法

① 豬腰子切開，去淨筋膜，用清水浸泡去血水，洗淨，切片，用沸水汆燙，撈出；豆腐皮洗淨，切菱形片。

② 鍋置火上，倒油燒至七分熱，炒香蔥末、薑末，放入腰片和豆腐皮翻炒均勻，淋入料酒和適量清水大火燒開，轉小火煮至腰片熟透，加鹽、胡椒粉和雞精調味，撒上香菜末即可。

老年人

人至老年，人體各器官的生理功能都會有不同程度的減退，尤其是消化和代謝功能，這會直接影響人體的營養狀況。另外，罹患高血壓、糖尿病、血脂異常等慢性疾病的危險性也大大增加，合理飲食對增強老年人的抵抗力、預防疾病、延年益壽、提高生活品質都具有重要的作用。

推薦食材

蔬菜、菌藻類	菠菜、芹菜、紅薯、山藥、南瓜、木耳、銀耳等。
水果類	香蕉、蘋果、櫻桃、蘋果等。
穀、豆類	小米、白米、玉米、燕麥、黃豆、黑豆等。
肉、蛋類	瘦肉、牛肉、雞肉、雞蛋、鵪鶉蛋。
水產類	海參、蝦、鯽魚、草魚等。
其他類	芝麻、花生、腰果、蓮子等。

關鍵營養素

膳食纖維、鈣、鉀、蛋白質、維他命 E、抗氧化物（玉米黃酮）。

飲食原則

● 老年人對蛋白質的利用率下降，應注意補充蛋白質。富含蛋白質的食物有瘦肉、豆製品、牛奶和蛋類等。

● 進食容易消化吸收的食物，如湯、粥等。

● 多吃富含膳食纖維的蔬菜，如菠菜、芹菜等，可有效預防便祕。

● 減少鹽和脂肪、膽固醇的攝入量，少吃蛋黃、動物肝臟等膽固醇含量高的食物，最好不吃動物油，改吃植物油。少吃油炸類、燻烤類、醃漬類食物。

材料
玉米醬…1罐
山藥、紅蘿蔔…各80克
雞蛋…1顆
太白粉水…適量
蔥花…5克
鹽…4克

做法
① 山藥洗淨，去皮，切小塊；紅蘿蔔洗淨，去皮，切丁；雞蛋磕開，打散。
② 鍋中倒適量清水燒開，加入山藥塊、紅蘿蔔丁煮沸，加入玉米醬煮熟，用太白粉水勾芡，再將蛋汁緩緩倒入，輕輕攪拌。
③ 待水滾，加鹽調味，撒入蔥花即可。

山藥玉米濃湯

防止
眼睛老化

山藥易消化，可健脾胃；玉米可降血脂，還富含維他命E和玉米黃酮等物質，可抗氧化，防止老年人眼睛老化。

材料

水發黑木耳…25克
水發海參、鮮蝦仁…各150克
香菜末、蔥花、薑絲、花椒
粉、鹽、太白粉水、植物
油…各適量

做法

① 水發黑木耳擇洗乾淨，撕成
小朵；水發海參去內臟，洗
淨，切絲；鮮蝦仁洗淨。

② 鍋內倒油燒至七分熱，放入
蔥花、薑絲和花椒粉炒香，
倒入木耳、海參絲和鮮蝦仁
翻炒均勻。

③ 向鍋中加適量清水大火燒
沸，轉小火煮10分鐘，用鹽
調味，太白粉水勾芡，撒上
香菜末即可。

木耳海參蝦仁湯

抗衰老

海參含膽固醇極少，
屬高蛋白、
低脂肪的食品，
且肉質細嫩，
易於消化，
能抗衰老，
非常適宜
老年人食用。

材料

去皮南瓜…100克
乾銀耳、乾蝦仁…各5克
蔥花、花椒粉、鹽、雞精、
植物油…各適量

做法

① 乾銀耳用清水泡發，摘洗乾
淨，撕成小朵；南瓜去籽，
洗淨，切塊；乾蝦仁用水泡
發，備用。

② 湯鍋放置火上，倒入適量植
物油，待油燒至七分熱時，
加蔥花、花椒粉炒香，再放
入南瓜塊、銀耳和蝦仁翻炒
均勻。

③ 加適量清水煮至南瓜軟爛，
用鹽和雞精調味即可。

銀耳南瓜湯

降糖
促消化

銀耳可滋陰潤燥，
含有的多糖成分
還能提高人體免疫力；
南瓜含有鉻，
可防治糖尿病、
降低血糖，南瓜所含
果膠還可以保護
胃黏膜、幫助消化，
這款湯適合適合
消化功能減弱的
老年人使用。

夜班工作者

▎推薦食材

蔬菜、菌藻類	番茄、蓮藕、高麗菜、菠菜、紅薯、紅蘿蔔等。
水果類	奇異果、蘋果、香蕉、柳橙、木瓜等。
穀、豆類	小米、小麥、黑米、燕麥、黃豆、紅豆等。
肉、蛋類	牛肉、雞肉、雞肝等。
水產類	鯽魚、黃花魚等。
其他類	核桃、紅棗、豆腐等。

▎關鍵營養素

維他命A、維他命B群、維他命E、鈣、蛋白質。

▎飲食原則

- 供給充足的維他命A和維他命B群，維他命A能提高工作者對昏暗光線的適應力，防止視覺疲勞；維他命B群能夠解除疲勞。

- 增加優質蛋白質的攝入量，有益於保持夜班工作者的工作效率和身體健康。

- 熬夜時，不要吃太多甜食，甜食雖然能讓人感覺興奮，但會消耗體內的維他命B群，也容易使身體肥胖。

- 不要吃泡麵、洋芋片等垃圾食物，因為它們不易消化，還會使血脂升高，對健康不利。

很多上班族都會遇到熬夜加班的情況。熬夜很傷身，熬夜之後精神差，對皮膚的損傷也很嚴重，有些人甚至會腹瀉。需要經常加班的工作者一定要調整好日常的飲食，以預防各種不適和疾病，減少對身體的傷害。

豬瘦肉中富含維他命B群，可緩解熬夜疲勞，櫛瓜富含維他命C和水分，有潤澤肌膚的作用；還能調節代謝，具有減肥的功效。

櫛瓜瘦肉湯

緩解
熬夜疲勞

材料

櫛瓜⋯250克

豬瘦肉⋯150克

胡椒粉、雞精、植物油、香油、麵粉、鹽⋯各適量

做法

① 櫛瓜洗淨，去蒂，切片；豬瘦肉洗淨，切片，加鹽、麵粉抓勻，備用。

② 鍋置火上，倒入植物油燒熱，加肉片炒至變色後，放入櫛瓜片翻炒幾下，再加入適量開水，大火煮開後轉中火再煮3分鐘，加胡椒粉、雞精、香油即可。

高麗菜番茄湯

緩解
孕吐

材料

高麗菜…150克

紅蘿蔔…100克

番茄…1顆

蔥花、薑末、花椒、鹽、味精、香油、植物油…各適量

做法

① 高麗菜洗淨瀝乾，切成5公分左右的片；紅蘿蔔洗淨，斜刀切成厚片，再切成小塊；番茄洗淨切塊。

② 鍋置火上，倒入植物油加熱，加入花椒炸出香味，然後撈出花椒。油中放入蔥花稍炸，再放入紅蘿蔔、番茄和高麗菜，翻炒幾下，加適量鹽和薑末炒勻。

③ 再倒入適量的水煮開，關火後放入味精，滴上香油即可。

這款蔬菜湯富含維他命C，能夠滋養肌膚，補充水分，防止熬夜造成皮膚粗糙。

此外高麗菜富含膳食纖維，能促進腸胃蠕動，幫助消化，預防經常熬夜造成的消化不良，並能抗癌。

蓮藕紅蘿蔔湯

護眼
護膚

材料

鮮藕…400克

紅蘿蔔…半根

花生米…20粒

香菇…3朵

高湯、鹽、味精、植物油…各適量

做法

① 鮮藕洗淨切塊，用刀拍鬆；紅蘿蔔去皮洗淨，切成滾刀塊；花生米用溫水泡開，去皮；香菇用溫水發好，洗淨去柄，切塊備用。

② 鍋置火上，倒入植物油燒至六分熱，放入香菇煸香，再放入紅蘿蔔煸炒片刻。

③ 高湯倒入沙鍋，大火煮沸後放入蓮藕塊、花生米和炒好的香菇、紅蘿蔔，小火煲1個小時，放入鹽、味精調味即可。

紅蘿蔔富含維他命A，可調節視網膜感光物質的合成，提高熬夜者對昏暗光線的適應力，防止視覺疲勞；蓮藕富含維他命C、鈣等，能滋潤肌膚。

此湯能緩解熬夜造成的眼部不適和皮膚的損害。

應酬者

▌推薦食材

蔬菜、菌藻類	黃瓜、冬瓜、芹菜、豆芽、絲瓜、紅蘿蔔、紅薯、黑木耳等。
水果類	雪梨、蘋果、奇異果、西瓜等。
穀、豆類	燕麥、全麥食物、黃豆、黑豆、紅豆等。
肉、蛋類	豬肺、牛肉、豬肉、雞肉等。
水產類	深海魚、蝦、貝類等。
其他類	栗子、川貝等。

▌關鍵營養素

維他命C、維他命B群、維他命E、鋅、硒。

▌飲食原則

- 粗細搭配。

- 多吃蔬菜和水果，以達到清肺、排毒的功效。

- 少吃高熱量、高膽固醇食物。

- 不宜空腹飲酒，更不宜酗酒。

- 少吸菸或不吸菸。

經常應酬的人，免不了抽菸、喝酒，而且容易進食過多高蛋白、高脂肪的食物，增加腸胃負擔，日復一日，「三高」、肥胖、腸胃疾病等就容易上身。為了保護身體，要好好調理日常飲食，增強身體的排毒和抗病能力。

黃豆芽雙菇湯

減少脂肪堆積

黃豆芽可清肺毒、除痰火；平菇、茶樹菇富含維他命B群，有助於降低膽固醇；冬瓜富含水分，而且熱量低，可促進新陳代謝，減少脂肪的堆積。此湯對於經常高熱量飲食者有很好的減肥、降膽固醇功效。

材料

平菇、茶樹菇、
黃豆芽…各100克
冬瓜…50克
市售濃湯產品…半盒
蔥花、香油…各適量

做法

① 黃豆芽去根洗淨；茶樹菇洗淨；平菇洗淨撕成條；冬瓜去皮、籽，切厚片，再切條。

② 鍋內放清水、茶樹菇燒沸，放黃豆芽煮10分鐘，加市售濃湯產品，放平菇、冬瓜條再煮5分鐘，放入蔥花，滴香油即可。

川貝雪梨豬肺湯

減少吸菸損害

中醫講求以臟補臟，豬肺具有補肺虛、止咳嗽的功效；川貝的主要功效是潤肺止咳、化痰平喘；雪梨也是潤肺佳品。同時燉湯，具有極佳的潤肺功效，適合吸菸者進補。

材料

豬肺…120克
川貝…9克
雪梨…1個
鹽…適量

做法

① 豬肺清洗乾淨，切片，放開水中煮5分鐘，再用冷水洗淨，瀝乾水；將川貝洗淨打碎；雪梨連皮洗淨，去蒂和核，切小塊。

② 砂鍋內放適量水，大火煮沸，然後將豬肺、川貝和雪梨一起放入鍋內，小火煮2小時，加少許鹽調味即可。

栗子杜仲雞爪湯

杜仲可以降血壓、補肝腎、強筋骨，還可以治療脂肪肝，藥用價值較高；栗子是健脾養胃的佳品，同時還有補腎的功效；雞爪也有很好的補益功效，經常應酬的人，可以用這道湯來滋補。

補肝益腎

材料

杜仲…20克
栗子…200克
鮮雞爪…8支
陳皮、鹽…各適量

做法

① 栗子用熱水略泡，剝去外皮；雞爪用沸水燙透，去黃衣，切去爪尖洗淨；杜仲、陳皮分別洗淨。

② 砂鍋內加入適量清水，將栗子、雞爪、杜仲和陳皮一起放入鍋內，大火煮沸，再轉用小火繼續燉3小時，最後加入鹽調味即可。

其他滋補全家人的湯品 範例

人群	湯品	主料	功效
孕媽咪	蘿蔔絲鯽魚湯	白蘿蔔＋鯽魚	預防孕期水腫
	三色玉米羹	玉米＋青豆＋枸杞	促進胎兒大腦發育
	絲瓜蝦皮粥	絲瓜＋蝦皮	補鈣，促進胎兒骨骼發育
	蓮子山藥紅棗湯	蓮子＋山藥＋紅棗	緩解孕期便祕
新手媽咪	蓮藕玉米排骨湯	蓮藕＋玉米＋排骨	有助於產後補虛
	雞蛋阿膠湯	雞蛋＋阿膠	排除產後惡露
	香菇雞湯	香菇＋土雞	增強新手媽咪免疫力
孩童	豆苗金針菇湯	金針菇＋豌豆苗	健腦益智、提高免疫力
	莧菜筍絲湯	莧菜＋竹筍＋紅蘿蔔	促進兒童生長
	絲瓜豬肝瘦肉湯	絲瓜＋豬肝＋瘦肉	保護眼睛、促進視力發育
中年人	珍菌湯	金針菇＋口蘑＋香菇	延緩衰老
	花椰菜黃豆湯	花椰菜＋黃豆	延緩衰老、調節體內雌激素
	豬心西洋菜羹	豬心＋西洋菜	緩解更年期的煩躁、失眠症狀
老年人	南瓜蔬菜湯	南瓜＋高麗菜＋紅蘿蔔	防治便祕、穩定血糖
	肉末茄條湯	肉末＋茄子	降壓、降脂、延緩衰老
	鱔魚苦瓜羹	鱔魚＋苦瓜	降血糖，改善糖代謝
	百合蘆筍湯	百合＋蘆筍	體力工作者緩解疲勞
	栗子杏仁雞湯	栗子＋杏仁＋雞肉	改善倦怠乏力症狀
腦力工作者	黃花菜排骨湯	黃花菜＋排骨	增強記憶力
	山藥鱸魚湯	山藥＋鱸魚	增強腦力

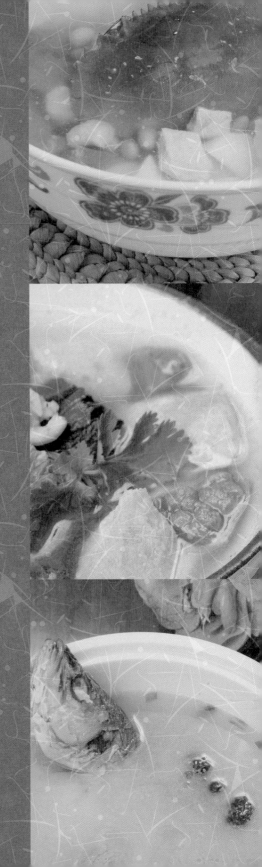

第三章

應季的滋補湯

▎推薦食材

蔬菜、菌藻類	韭菜、菠菜、芹菜、紅蘿蔔、蓮藕等。
水果類	蘋果、梨等。
穀、豆類	黑米、蕎麥、紅豆等。
肉、蛋類	雞肉、鴨肉、魚肉等。
水產類	草魚、鯽魚等。
其他類	蓮子、枸杞、菊花等。

春季

▎關鍵營養素

維他命 E、維他命 B、鈣、鉀、鎂。

▎飲食原則

● 宜食用溫補養陽的食物，如栗子、糯米、大蔥、大蒜等。

● 適當吃甜味食物以防止肝氣過旺，甜味食物有蜂蜜、紅棗等。

● 適當增加富含維他命的蔬菜、水果，以抵抗病毒、預防呼吸道感染等。

● 應吃些富含蛋白質的食物增強抵抗力，如瘦肉、蝦、豆製品等。

● 不宜多吃酸食，比如山楂、烏梅等，以免影響脾胃功能。

● 不宜多吃辛辣、油炸等容易上火的食物。

春季萬物復甦，氣候有乍暖還寒、多風、多濕的特點。此時冷暖交替，病菌活躍，人們罹患疾病的機率大大提高，尤其是各種呼吸道疾病，應注意預防。此外，按照中醫養生原則，肝臟在春季時功能最活躍，因此春季重在養肝。

這款湯葷素搭配，喝湯的同時還能吃到肉，蓮藕富含維他命，可潤澤肌膚，防止春季多風氣候對皮膚的傷害；排骨富含蛋白質和鈣，可滋陰潤燥、豐肌澤膚。

蓮藕排骨湯

潤澤肌膚

材料

豬排骨…400克

蓮藕…200克

蔥段、薑片、料酒、醋、胡椒粉、鹽、味精…各適量

特別提醒

藕性偏涼，孕婦不宜過早食用，一般在產後一個月可食用。

做法

① 豬排骨洗淨，剁成塊；蓮藕去皮，洗淨切塊。

② 鍋內加適量清水煮沸，放入少許薑片、蔥段、料酒和豬排骨汆熟，將豬排骨汆燙去血水除腥，撈出後用涼水沖洗，瀝水備用。

③ 煲鍋置火上，倒入足量水，放入剩餘的薑片、豬排骨、藕塊，淋入醋煮沸，轉小火煲約2個小時，加鹽、味精、胡椒粉調味即可。

芹菜豆腐鮮蝦湯

芹菜富含膳食纖維，可助排便、治療便祕，上火引起的便祕、改善口乾舌燥、春季肝火過旺；中醫認為豆腐性涼、味甘、常吃能益氣和中、生津潤燥、防止肝火過盛。

防止肝火過盛

材料
芹菜葉…50克
老豆腐…150克
鮮蝦…8隻
排骨湯、鹽、雞精…各適量

做法
① 芹菜葉擇洗乾淨；豆腐洗淨切塊；鮮蝦挑去蝦線，洗淨。
② 鍋置火上，倒入排骨湯燒沸，放入豆腐用小火煮10分鐘，然後下入鮮蝦、芹菜葉，煮至蝦肉熟透，加鹽和雞精調味即可。

多彩蔬菜羹

湯色彩誘人，給人食慾，為人體提供豐富的維他命和礦物質，能振奮精神、預防春睏，此外，紅蘿蔔可養肝、明目，香菇可提高人體的抵抗力。

防春睏養肝明目

材料
大白菜…100克　　蔥末…10克
紅蘿蔔…50克　　鹽…2克
油菜…100克　　雞精…1克
鮮香菇…3朵　　太白粉水…適量

做法
① 大白菜、油菜擇洗乾淨，切末；紅蘿蔔洗淨切末；鮮香菇洗淨去蒂，放入沸水中汆燙1分鐘，撈出，切末。
② 鍋置火上，倒油燒至七分熱，炒香蔥末，放入紅蘿蔔末略炒，倒入適量清水煮至紅蘿蔔八分熟，下入大白菜和油菜煮至斷生，加香菇末，用鹽和雞精調味，再用太白粉水勾薄芡即可。

特別提醒
烹調大白菜時，不宜用水汆燙，以免損失大量的維他命和礦物質。

銀耳紅棗牛肉湯

防止
過敏

紅棗是春季養肝護肝的佳品，而且具有抗過敏的功效，可預防春季好發的過敏，如最常見的過敏性鼻炎等。

材料
牛肉…200克
紅棗…20克
乾銀耳…5克
紅蘿蔔…50克
鹽、雞精、薑片、料酒…各適量

做法
① 牛肉洗淨切小塊；紅棗洗淨，放入水中浸泡片刻；乾銀耳用水泡發，洗淨去蒂，切小朵；紅蘿蔔洗淨切片。
② 將牛肉塊、紅棗放入沙鍋，加水燒沸後轉小火慢燉1個小時，然後放料酒、薑片、銀耳、紅蘿蔔片，燉至牛肉熟爛，加鹽和雞精調味即可。

韭菜肉片湯

益肝
增強脾胃
之氣

春天人體肝氣易旺，會影響脾胃的消化吸收功能，韭菜被譽為「春菜第一美食」，多吃可增強人體的脾胃之氣，對肝也有益處。

材料
韭菜…200克
豬瘦肉…150克
老豆腐…100克
鹽、味精、植物油、
太白粉水、…各適量

做法
① 豬瘦肉洗淨，切成柳葉片，與太白粉水拌勻，用溫植物油滑散備用；韭菜擇洗乾淨，切成約3公分的長段；豆腐切成長條片。
② 鍋置大火上，加入清水煮沸，先將豆腐片和肉片放入鍋內，湯燒開後再放入韭菜、鹽、味精，稍煮後盛入碗內即可。

特別提醒
韭菜性偏溫熱，陰虛內熱或眼疾、瘡瘍腫毒者不宜食用。

夏季

推薦食材

蔬菜、菌藻類	萵筍、茄子、百合、芹菜、生菜、黑木耳、銀耳、韭菜、洋蔥等。
水果類	西瓜、香蕉、蘋果、柳橙、草莓、芒果等。
穀、豆類	小米、白米、薏仁、綠豆、紅豆等。
肉、蛋類	豬瘦肉、鴨肉、牛肉等。
水產類	牡蠣、蛤蜊、鮭魚等。
其他類	大蒜、豆製品、牛奶等。

關鍵營養素

鈉、鉀、維他命 E、維他命 B1、維他命 B2。

飲食原則

- 多吃涼性蔬菜，例如苦瓜、絲瓜、西瓜、甜瓜等，有利於生津止渴、除煩解暑、清熱瀉火，夏季宜多食用。

- 夏季水果種類多，可多吃以補充水分、維他命 C、膳食纖維、礦物質，以及碳水化合物等，有益身體健康。

- 不可貪涼，不宜多吃雪糕、冷飲等，以免傷脾胃。

中醫認為，夏季與五臟的心相應，氣候炎熱，汗液外洩，易耗傷心氣，所以夏季要重視養心。夏日養生，中醫重在「精神調理」，即以「心」養生，用「心」來「安神定志」。另外，夏季天氣潮濕多雨，與五臟之脾相應，而脾喜燥惡濕，此時因而最易傷脾，所以夏季養生也應重視健脾。

苦瓜屬於
苦味食物，
含有氨基酸、
維他命、
苦瓜苷等物質，
可抗菌消炎，
解熱去暑、
且有強心功效，
適合夏季養生。

材料
苦瓜…150克
綠豆…100克
陳皮…10克
冰糖…適量

做法
① 綠豆洗淨，浸泡30分鐘；苦
瓜洗淨切塊；陳皮洗淨。
② 鍋內倒入八分滿的水，加入
陳皮，待水煮沸後，放入苦
瓜、綠豆，大火燉煮20分鐘
後，轉小火繼續熬煮2個小
時，最後加冰糖煮化即可。

苦瓜綠豆湯

清熱
解暑

綠豆含有豐富的
蛋白質、脂肪、
多種維他命
以及鈣、
磷、泛酸、
胡蘿蔔素等。
此湯能
清熱利濕，
解毒涼血。
適用於
暑濕內蘊
導致的濕疹。

材料
綠豆…50克
乾百合…15克
冰糖…適量

做法
① 綠豆洗淨，浸泡4小時；
百合洗淨，泡軟。
② 將綠豆放入沙鍋，加適
量水，大火煮沸後，用
小火煮至綠豆開花，放
入百合、冰糖再煮5分鐘
即可。

百合綠豆湯

涼血
解毒
除濕

特別提醒
綠豆具有解毒功效，體質虛弱和
正在吃中藥的人不可多喝。

材料

冬瓜…200克
豬腔骨…300克
蔥段、薑片、
料酒、植物油、
鹽、味精…各適量

做法

① 冬瓜削皮去籽，切成1公分寬、1公分長的塊，放入沸水中氽燙一下後，撈出備用；腔骨在砧板上剁成塊，放入沸水鍋中氽燙幾分鐘後撈出，洗淨備用。

② 鍋置火上，放入適量植物油燒熱，下入蔥段、薑片熗鍋，加入料酒、1,200毫升清水，放入腔骨大火燒開，再改小火燉1個小時，加適量鹽、味精，再放入冬瓜塊，燉15分鐘至冬瓜熟軟，即可出鍋享用。

冬瓜排骨湯

清熱解暑
補充體液

冬瓜能解暑、利尿、促進新陳代謝。
夏天出汗多，多喝湯可補充體液，加上脾胃虛弱，進餐前先喝點熱湯，可促進食慾。

特別提醒

用冬瓜與肉煮湯時，必須後放，然後用小火慢燉，這樣可以防止冬瓜過熟、過爛。

黃瓜蛋花湯

解暑消腫
生津止渴

黃瓜清熱利水、解毒消腫、生津止渴，非常適合夏季食用。

此外，黃瓜中所含的丙醇二酸，可抑制糖類物質轉變為脂肪，對減肥、降脂有一定的作用。

材料

黃瓜…200克

雞蛋…1顆

番茄…100克

鹽…4克

雞精…少許

清湯、蔥花、香油…各適量

做法

① 黃瓜洗淨去皮，切薄片；番茄洗淨，沸水汆燙，撕去外皮，去籽切片；雞蛋磕入碗中，加少許鹽攪勻。

② 起油鍋燒熱，將黃瓜下鍋略炒，加入清湯、鹽，燒沸後將番茄下鍋煮開，淋入雞蛋液，加雞精，關火，撒上蔥花，淋入香油即可。

南瓜綠豆湯

除煩止渴
清熱解毒

南瓜性溫味甘，能補中益氣、解毒殺蟲；綠豆清熱解暑、祛溼解毒，能清暑解毒、生津益氣。

適用於緩解夏季傷暑心煩、口渴身熱、頭暈乏力、尿赤而少等症狀。

材料

南瓜…250克

山藥…50克

薏仁、綠豆…各30克

冰糖…適量

做法

① 南瓜洗淨，去皮、去瓤，切丁；山藥洗淨去皮，切丁；綠豆、薏仁分別洗淨，在清水中浸泡2小時。

② 鍋置火上，倒入清水大火煮沸，放入薏仁、綠豆大火燒開，轉小火煮30分鐘，加入南瓜丁、山藥丁煮至綠豆開花，加冰糖煮至溶化即可。

秋季

推薦食材

蔬菜、菌藻類	高麗菜、山藥、蓮藕等。
水果類	奇異果、柳橙、梨、蘋果等。
穀、豆類	糯米、小米、黃豆等。
肉、蛋類	豬肉、牛肉、鴨肉、雞肉、雞蛋等。
水產類	螃蟹、草魚、黃花魚等。
其他類	蜂蜜等。

關鍵營養素

維他命A、維他命C、紅蘿蔔素、鐵、鋅。

飲食原則

- 多吃滋陰潤燥的食物，如銀耳、芝麻、核桃、糯米、蜂蜜等，可滋陰潤肺、防燥。

- 多攝入維他命，維他命C能預防秋季流感，新鮮蔬菜和水果，如奇異果、柳橙等含量豐富。還要補充維他命A，多吃紅蘿蔔、南瓜等，使呼吸道黏膜經常保持濕潤。

- 秋季天氣涼爽，人的胃口也好了，但要飲食有度，防止「秋膘」過剩，否則很容易造成脂肪堆積。

- 少食辛辣食物，如蔥、薑、蒜、韭菜、辣椒等，否則會使肺氣更加旺盛，傷肝。

秋季陽氣漸收，陰氣生長，氣溫開始降低，雨量減少，氣候偏乾燥。在這個季節，人體極易受燥邪侵襲而傷肺，並有口乾、唇裂、咽乾、鼻乾、乾咳、皮膚乾燥、便祕等症狀。根據「燥則潤之」的原則，秋季飲食應以養陰潤肺、生津止渴為主。

材料

豬瘦肉…100克

雪梨…2顆

紅蘿蔔…1根

薑片、鹽…各適量

做法

① 豬瘦肉洗淨切成小塊；雪梨洗淨去核，切小塊；紅蘿蔔洗淨切片。

② 鍋中加入冷水，然後把豬瘦肉、雪梨、紅蘿蔔、薑片放入鍋內，大火燒開，再用小火慢燉30分鐘，最後加鹽調味即可。

紅蘿蔔雪梨燉瘦肉

潤肺
補益人體

雪梨是潤肺食物，紅蘿蔔可提高人體免疫力，豬瘦肉可滋陰、提高免疫力。此湯既可以發揮潤肺的作用，還有很好的補益效果。

特別提醒

因為紅蘿蔔皮和雪梨皮中含有豐富的營養物質，所以做這道湯時，只要清洗乾淨就好，最好不要去皮。

栗子燉烏骨雞

栗子是秋季養生的首選食材，可滋陰潤燥、暖胃。

中醫認為烏骨雞性平、味甘，可滋陰補腎、補肝益腎、健脾止瀉，適合秋季食用。

此湯還能預防骨質疏鬆、延緩衰老。

滋陰潤燥

材料
淨烏骨雞…500克
栗子…100克
蔥花、薑片、鹽…各適量
香油…4克

做法
① 淨烏骨雞洗淨，剁塊，入沸水中汆透，撈出；栗子洗淨去殼，取出栗子仁。
② 砂鍋內放入烏骨雞塊、栗子仁，加溫水（以沒過雞塊和栗子仁為宜）置火上，加蔥花、薑片大火煮沸，轉小火煮45分鐘，用鹽和香油調味即可。

白蘿蔔銀耳湯

白蘿蔔含芥子油、澱粉酶和膳食纖維，具有促進消化、增強食慾、加快胃腸蠕動和止咳化痰的作用；銀耳具有潤肺生津、滋陰養胃、益氣安神、強心健腦等作用。

配以具有清熱去火功效的鴨湯，潤肺止咳的效果更明顯。

潤肺止咳

材料
白蘿蔔…100克
銀耳…10克
鴨湯…適量

做法
① 白蘿蔔洗淨切成絲；銀耳泡發，去除雜質，撕成塊。
② 將白蘿蔔和銀耳放入清淡的鴨湯中，用小火燉熟即可。

蓮子百合煲瘦肉

潤肺止咳

百合含多種生物鹼、蛋白質和多種維他命，能潤肺止咳、養陰清熱。

蓮子可以補虛損、健脾胃。

這道湯既可潤燥養肺，還可輔助治療神經衰弱、心悸、失眠等，病後體弱者也可以用這湯品滋補。

材料

豬瘦肉…200克

蓮子、百合…各30克

鹽、雞精、香油…各適量

做法

① 百合洗淨泡開，蓮子洗淨，用水浸泡2小時；豬瘦肉洗淨，切成小塊。

② 砂鍋中放入冷水，將蓮子、百合、豬瘦肉一起放入鍋中，先用大火燒開，再用小火慢慢燉。待肉快熟時，加入鹽、雞精、香油調味，燉至肉爛、蓮子熟即可。

山藥蓮藕桂花湯

化痰止咳

山藥可以健脾補腎和補肺、固腎益精；

蓮藕能補血助眠、清涼退火；

桂花可以化痰止咳。

三者煮湯，香甜味美，不僅能補益身體，還可養顏潤膚。

材料

山藥…200克

蓮藕…150克

桂花…10克

冰糖…50克

做法

① 蓮藕去皮洗淨，切片；山藥去皮洗淨，切片。

② 鍋內倒入適量清水，先放入藕片，大火煮沸後，改小火煮20分鐘，然後將山藥放進鍋中，用小火繼續煮20分鐘，加入桂花，小火慢煮5分鐘，最後放入冰糖，煮至溶化後即可。

冬季

推薦食材

蔬菜、菌藻類	白蘿蔔、番茄、韭菜、木耳、海帶等。
水果類	奇異果、蘋果等。
穀、豆類	糯米、小米、白米、黃豆、黑豆等。
肉、蛋類	蝦仁、豬腰、豬肝、烏骨雞、雞蛋等。
水產類	海參、牡蠣等。
其他類	紅棗、蓮子、牛奶、栗子、當歸、枸杞等。

關鍵營養素

碘、蛋白質、脂肪、碳水化合物、鈣。

飲食原則

● 冬季以增加熱能為主，可適當多攝入富含碳水化合物、脂肪和蛋白質的食物，以增加人體的耐寒和抵抗力。

● 飲食宜溫熱鬆軟，忌食生冷的食物，如冷飲、螃蟹、鴨肉、黃瓜等，否則會令臟腑血流不暢，損傷脾胃。

● 冬季宜進補溫熱之品，如牛肉、羊肉等，還宜多進食一些富含維他命的食物，以增強人體免疫力，預防感冒，如大白菜、柳橙等。

● 冬季可多吃補益腎臟、填精補髓的食物來補腎，如芝麻、黑豆、腰果、栗子、海參等。

冬季氣候寒冷，自然界萬物閉藏，人體內的陽氣也該順應季節變化，潛藏於內。當寒邪侵襲人體時，若體內陽氣不足，就會導致氣血運行不暢，引發舊疾，如中風、心肌梗塞、哮喘、關節炎等疾病，死亡率便隨之上升。而冬季腎氣當令，所以冬季飲食以溫補腎陽、增加熱量為首要原則。

羊肉蘿蔔湯

暖身驅寒
對抗感冒

材料

羊肉…200克
白蘿蔔…50克
香菜…20克
羊骨湯、料酒、胡椒粉、
蔥段、薑片、鹽、味精、
辣椒油…各適量

做法

① 羊肉洗淨切塊，入沸水中
略煮，撈出，用清水沖去
血沫；白蘿蔔洗淨切成滾刀
塊，放入沸水中煮透撈出；
香菜洗淨切末。

② 湯鍋放入羊肉、羊骨湯、料
酒、胡椒粉、蔥段、薑片，
用大火煮沸，撇去湯麵上的
浮沫，蓋上鍋蓋，用小火
燉1個小時左右，然後加入
鹽、味精和白蘿蔔繼續燉30
分鐘至羊肉熟爛，撒上香菜
末，淋上辣椒油攪勻即可。

冬季是吃羊肉進補的最佳季節，能暖身驅寒；
蘿蔔中含豐富的維他命C和微量元素，
有助於增強身體的免疫能力，對抗冬季易發的流感等症

蘿蔔燉牛腩

潤肺止咳
補益身體

冬季吃蘿蔔可理氣消食、潤肺止咳，所以俗話說：「冬吃蘿蔔，夏吃薑。」牛肉富含蛋白質和鐵等，可為人體提供能量，這道菜可大大補益人體。

材料

牛腩…200克
白蘿蔔…300克
薑、鹽、八角、桂皮、
陳皮…各適量。

做法

① 將牛腩切成塊，用水沖
　淨血汙；白蘿蔔洗淨，
　切滾刀塊；薑拍鬆。
② 將切好的牛腩放入沸
　水中氽燙，洗淨瀝乾水
　分後，與蘿蔔塊、薑、
　八角、桂皮、陳皮一起
　放入砂鍋內，加水燒沸
　後，撇去表面浮沫，蓋
　好蓋子，用小火慢燉2小
　時左右即可。

米酒蛋花湯

溫寒
補虛

米酒中含有10多種氨基酸，且糯米經過釀製，營養更易於吸收，能活血通經、溫寒補虛、提神解乏。

材料

米酒…300克
雞蛋…1顆
白糖…適量

做法

① 雞蛋打入碗中，攪勻成
　蛋液。
② 鍋中倒入米酒和適量清
　水，大火燒開，倒入雞
　蛋液，快速攪拌，煮開
　後，加白糖調味即可。

動物腎臟有補腎益精的作用，是中醫「以臟養臟」的理論體現。它們含有豐富的蛋白質、脂肪及多種維他命，這些營養素對人體均有補益精氣的作用。

材料

豬腰…150克

水發木耳…25克

高湯、料酒、薑汁、鹽、味精、蔥花…各適量

做法

① 豬腰洗淨，除去薄膜，剖開去除臊腺，切片；水發木耳洗淨，撕成小片。

② 鍋置火上，加水煮沸，加入料酒、薑汁、腰片，煮至顏色變白後撈出，放入湯碗。

③ 鍋置火上，注入高湯煮沸，下入水發木耳，加鹽、味精調味，煮沸後起鍋倒入放好腰片的湯碗中，撒上蔥花即可。

木耳腰片湯

補腎益精

紅棗補血益氣、養血安神；蓮子滋養補虛、養心安神；枸杞滋陰養血；三者和雞肉一起燉湯，滋補效果極佳。

材料

紅棗…50克

枸杞…10克

蓮子…60克

雞肉…200克

鹽…適量

做法

① 枸杞、紅棗洗淨；雞肉洗淨切塊；蓮子洗淨備用。

② 把以上材料放入水中，大火煮沸之後，撈出浮沫，改小火燜煮至食材軟爛，加鹽調味即可。

紅棗蓮子雞湯

滋補養身

其他適合不同季節的湯品 範例

季節	湯品	主料	功效
春季	山藥紅蘿蔔雞翅湯	山藥＋紅蘿蔔＋雞翅	預防春季常見的過敏症狀
	蔥花蛋花湯	大蔥＋雞蛋	提高免疫力，預防春季流感
	紅棗枸杞煲豬肝	紅棗＋枸杞＋豬肝	提升肝臟解毒能力
	牛蒡竹蓀雞翅湯	牛蒡＋竹蓀＋雞翅＋枸杞	提升身體免疫力
	山藥紅棗羹	山藥＋紅棗	預防過敏性鼻炎
夏季	黃瓜榨菜湯	黃瓜＋榨菜	清熱
	紅豆蓮子粥	紅豆＋蓮子	養心、健脾
	鴨肉冬瓜羹	鴨肉＋冬瓜	消暑、去火
	綠豆湯	綠豆＋水	清熱、解暑、解毒
	蒜醋鯉魚湯	鯉魚＋大蒜＋醋	預防夏季腸道傳染病
秋季	銀耳百合雪梨湯	銀耳＋百合＋雪梨	滋陰、潤肺
	蘿蔔杏仁湯	白蘿蔔＋杏仁	潤肺、止咳
	冰糖燉雪梨	冰糖＋雪梨	潤肺、潤膚、防燥
	螃蟹瘦肉湯	螃蟹＋瘦肉	養精益氣，適合秋季進補
	番茄枸杞玉米羹	番茄＋枸杞＋玉米	滋陰潤燥，增強免疫力
冬季	羊肉暖身湯	羊肋肉＋冬粉＋大白菜＋枸杞	滋補、暖身、驅寒
	桂花栗子羹	栗子＋糖桂花＋西湖藕粉	健胃、補腎、補陽、抵禦風寒
	蘿蔔排骨湯	白蘿蔔＋排骨	益胃、促進消化、滋陰補虛
	烏魚蛋湯	烏魚蛋＋胡椒粉＋料酒	去寒補虛
	枸杞豬腰湯	枸杞＋豬腰	益腎壯陽

第四章

調和體質的保健湯

推薦食材

蔬菜、菌藻類	韭菜、辣椒、紅蘿蔔、黃豆芽、南瓜、山藥等。
水果類	荔枝、榴蓮等。
穀、豆類	小米、白米、糯米等。
肉、蛋類	牛肉、羊肉等。
水產類	蝦、黃鱔、海參等。
其他類	生薑、胡椒、紅棗、茴香、桂皮、人參、桂圓、核桃、松子等。

陽虛體質

陽虛是由陽氣不足所致，表現特徵為：四肢冰冷，全身乏力，少氣懶言，男性多遺精，女性多白帶清稀。陽虛體質者容易水腫，與其他體質相比，陽虛體質者到中老年時更容易產生骨質疏鬆。

飲食原則

● 少吃性質寒涼的食物，比如白蘿蔔、豆腐、苦瓜、荸薺、西瓜、綠豆、海帶、螃蟹等。

● 忌吃各種冷飲，還要避免直接食用從冰箱裡拿出來的冰涼食品。

● 在烹調或食用偏寒的食物時，可加入一些熱性的蔥、蒜等調和一下。

● 適當多食用性屬溫熱、具有溫陽散寒作用的食物，比如荔枝、桂圓、腰果、生薑、韭菜、辣椒、牛肉等。

● 適當多吃可益氣健脾的食物，如小米、白米等。

● 適當調整烹調方法，最好選擇燜、蒸、燉、煮的烹調方式。

羊肉含有豐富的蛋白質，中醫認為可以補腎壯陽、暖中袪寒；海參也是補腎壯陽的佳品，對男性腎陽虛引起的腰膝酸軟、遺精、遺尿、性機能減退有很好效果。

海參羊肉湯

補腎
陽虛

材料
水發海參…20克
羊肉…100克
生薑末、胡椒末、
蔥段、鹽…各適量

做法
① 海參用溫水泡軟後，剪開參體，除去內臟，洗淨，再用開水煮10分鐘左右，取出後連同水倒入碗內，泡3個小時；羊肉洗淨，汆燙去血水，切成小塊。
② 將羊肉放入鍋中，加適量的水，小火燉煮，煮至將熟時，將海參切成小塊放入同煮，再煮沸15分鐘左右，加入生薑末、蔥段、胡椒末及鹽調味即可。

百合豬肉燉海參

補腎壯陽

海參是補腎壯陽的佳品，對男子腎虛引起的消瘦、陽痿、小便頻數、腰膝酸軟、遺精、遺尿、性機能減退等可發揮較好的食療效果。

材料

水發海參…4條

豬瘦肉…100克

鮮百合…20克

薑片、料酒…各5克

鹽…4克

白糖…3克

做法

① 百合削去老根，撕去蔫黃的花瓣，分瓣洗淨；豬瘦肉洗淨切塊；海參收拾乾淨後，切段。

② 百合、豬肉塊、海參、薑片、料酒一同放入燉盅內，加入適量清水，隔水燉2小時，加鹽、白糖調味即可。

韭菜羊肉湯

壯陽補腎
防治陽痿

韭菜性溫，味辛，具有補腎起陽的作用，被稱為「壯陽草」；羊肉性質溫熱，可溫陽、補腎。此湯具有溫腎壯陽、利水消腫之效，適於慢性腎炎、腰膝酸軟、陽痿、遺精滑精者滋補食用。

材料

羊肉…200克

韭菜…50克

乾木耳…5克

鹽…4克

雞精…2克

薑末、蒜末、香油…各適量

做法

① 羊肉洗淨切片；韭菜洗淨切段；乾木耳泡發後，洗淨撕小朵。

② 鍋內放油燒至六分熱，爆香薑末、蒜末，加羊肉片快速翻炒至顏色變白，加清水大火燒沸，放黑木耳轉小火煮3分鐘，加韭菜段、鹽、雞精，待湯再次煮沸，淋香油即可。

推薦食材

蔬菜、菌藻類	山藥、百合等。
水果類	桑葚、荸薺等。
穀、豆類	綠豆、黃豆。
肉、蛋類	鴨肉、鴿肉、雞蛋。
水產類	海參、蛤蜊。
其他類	黑芝麻、蓮子、枸杞、西洋參、牛奶等。

飲食原則

- 多吃甘涼滋潤、生津養陰的食物，如甲魚、葡萄、梨等。

- 多吃可滋陰補血的食物，如海參、雞蛋等。

- 多吃可以滋陰潤燥、益氣養陰的食物，如枸杞、干貝、豬肉、豆漿、蜂蜜等。

- 忌辛辣、刺激、煎炒以及脂肪和碳水化合物含量過高的食品，比如辣椒、肥肉、烤雞腿。

- 不宜食用性溫燥烈的食物，如羊肉、花生、黃豆、瓜子、荔枝、桂圓、楊梅、大蒜、韭菜、芥菜、酒、辣椒、生薑、花椒、洋蔥、茴香、胡椒等。

陰虛體質

陰虛體質是指陰血不足，陰指的就是身體的水分、體液。這種體質表現為：咽乾口燥，鼻微乾，喜冷飲，手足心熱，夜間出汗，大便乾燥，小便短數；男子易遺精，舌紅少苔，脈細數，體形偏瘦，性情急躁。

材料

苦瓜⋯250克
排骨⋯200克
蔥段、薑片、
料酒、鹽⋯適量

做法

① 將苦瓜去瓜蒂、去瓤,洗淨切成塊,放沸水中汆燙後撈出,洗淨;排骨放入沸水中汆燙去血水。

② 鍋置火上,放入排骨、清水,大火燒開,撇去浮沫後放入蔥段、薑片、料酒,改用小火燒至排骨熟爛,加入苦瓜繼續煮約10分鐘,加鹽調味即可。

苦瓜排骨湯

滋陰補充體液

中醫認為,豬肉最適合陰血不足者食用,它能增加人體的體液,如血液、精液、內分泌液、消化液等。

材料

冬瓜⋯400克
老鴨⋯半隻
薑片、蔥段、香菜段、鹽、味精、枸杞、高湯⋯各適量

做法

① 將鴨肉洗淨切塊,用沸水汆燙後撈出;冬瓜去皮,洗淨切成片。

② 鍋置火上燒熱,放入鴨塊乾炒至鴨油滲出後撈出。

③ 湯鍋置火上,倒入足量高湯,放入鴨塊、冬瓜片、薑片、蔥段,大火燒開後,轉小火煲1個小時,放入枸杞、鹽、味精調味,再撒上香菜段即可。

冬瓜鴨肉湯

滋五臟之陰

鴨肉性平、味甘鹹,能滋五臟之陰、養胃,特別適合陰虛體質食用;冬瓜性涼,味甘,可潤肺生津,也適合陰虛者食用。

氣虛體質

氣虛體質的人元氣不足，表現為：疲乏無力、氣短懶言、言語聲弱、容易出汗面色淡白，肌肉鬆軟不實，頭暈目眩、神疲乏力，舌淡苔白，舌邊有齒痕，脈弱無力。氣虛體質的人應避免熬夜或過度勞累，不宜做劇烈運動，以防止損耗身體內的元氣。

推薦食材

蔬菜、菌藻類	扁豆、豌豆、蓮藕、紅薯、香菇、馬鈴薯、山藥、紅蘿蔔等。
水果類	蘋果、柳橙等。
穀、豆類	白米、莜麥等。
肉、蛋類	雞蛋、豬肚等。
水產類	泥鰍、黃鱔等。
其他類	牛奶、蓮子、茯苓、白果、芡實、黃耆、人參等。

飲食原則

● 多吃益氣補虛的食物，如牛肉、羊肉。

● 多吃像豌豆、紅薯、山藥等蔬菜，藉由健脾胃來達到益氣補虛的效果。

● 多吃可健脾益氣的食物，如小米、糯米。

● 多吃補虛損、健脾胃、益氣補虛的食物，如蜂蜜、紅棗等。

● 不宜食用破氣耗氣、寒涼傷胃之物，如白蘿蔔、苦瓜、空心菜、山楂、柿子、荸薺、薄荷等。

材料
豬肚…1個
豬骨頭…200克
鹽、胡椒粒、
香菜末…各適量

做法
① 豬肚洗淨，不用切，放沸水中氽燙，不停翻動，去除汙物，取出後反覆沖洗；將胡椒粒放在乾淨的紗布裡，紮緊，塞進豬肚裡；豬骨頭洗淨，放入沸水中氽燙，撇去浮沫，撈出。
② 取砂鍋，將豬骨頭放在底層，然後放豬肚，倒入適量水，大火燒開，撇去浮沫，改小火繼續熬煮，待豬肚變色後撈出，取出紗布包；將豬肚切絲，重新放入砂鍋的湯中，煲約2小時候後即可，放入香菜末和鹽調味。

胡椒豬肚湯

可補
虛損

豬肚含有蛋白質、脂肪、碳水化合物、維他命及鈣等物質，可補虛損、健脾胃。此湯非常適合氣血虛損、身體瘦弱者食用。

材料

嫩豆腐…200克	鮮筍…50克
香菇…4朵	香菜…少許

植物油、鹽、胡椒粉、香油、
太白粉水、雞精、高湯…各適量

做法

① 香菇用溫水泡發，洗淨去
　柄，切成絲；豆腐切成長方
　形薄片；鮮筍洗淨切成絲；
　香菜擇洗乾淨，切末。

② 將炒鍋置於火上，倒入植物
　油燒熱，下入香菇絲、筍絲
　翻炒片刻後出鍋。

③ 高湯倒入鍋內，燒開後下入
　炒好的香菇絲、筍絲及豆腐
　片，加鹽、胡椒粉、雞精，
　用太白粉水勾薄芡，出鍋後
　倒入湯碗，淋上香油，撒上
　香菜末即成。

香菇白玉湯

緩解
氣虛乏力
症狀

香菇性味甘平，
歸肝經和胃經，
對氣血虧虛、
不耐勞累等症
有調理作用。

材料

羊肉…500克	老薑…50克

當歸、黃耆…各15克
料酒、鹽、豬骨高湯、
味精…各適量

做法

① 羊肉洗淨切成大塊，汆燙後
　撈出，用溫水洗去浮沫；老
　薑洗淨，用刀拍鬆；當歸、
　黃耆洗淨。

② 鍋內倒入適量豬骨高湯，
　放入料酒、老薑、當歸、黃
　耆、羊肉塊，大火燒沸後，
　轉小火煲2個小時，加鹽、味
　精調味即可。

黃耆羊肉煲

改善
氣虛自汗
等症

羊肉性熱、味甘，
能助元陽、補精血、
療肺虛、益勞損；
黃耆可補氣固表，
對脾胃氣虛、
氣虛自汗、氣虛乏力
有很好的調補效果。

推薦食材

蔬菜、菌藻類	冬瓜、蠶豆、海帶、海蜇、白蘿蔔、香菇等。
水果類	蘋果、木瓜、櫻桃、荔枝等。
穀、豆類	扁豆等。
水產類	鯽魚、鯉魚等。
其他類	茯苓、生薑、蒼朮、白朮、荷葉等。
其他類	牛奶、蓮子、茯苓、白果、芡實、黃耆、人參等。

飲食原則

● 可多吃健脾利濕的食物,如薏仁、紅豆、海帶等。

● 可多吃一些有化痰散結作用的水果,如梨、柚子等。

● 應多吃化痰去痰、利濕順氣、消腫散瘀、解毒止痛的食物,如紅蘿蔔、大蒜、黑木耳等。

● 痰濕體質者多體虛怕寒涼,不宜進食寒涼和酸澀的食物,以免耗脾氣,如芹菜、百合、綠豆、空心菜等。

● 不宜食用味厚滋膩的食物,以免影響脾胃運化,如肥肉、糯米、飴糖、番石榴、蛋黃等。

痰濕體質就是體內痰濕凝聚,與脾臟功能不足有關。表現為:面部易出油,易出汗且汗黏膩,胸悶,痰多,嗜睡,口中有黏膩感或甜感,形體肥胖等。痰濕體質者要促進代謝,可多做運動發汗,不宜久坐、熬夜,以免傷及肝、脾,催生痰濕。

材料

冬瓜…300克

蝦仁…50克

鹽…4克

雞精…1克

香油、魚高湯…各適量

做法

① 冬瓜去皮、去瓤，洗淨，
切小塊；蝦仁去除蝦線，
洗淨。

② 湯鍋置火上，倒入魚高湯
大火煮沸，放入冬瓜塊，
大火煮沸，轉小火煮至冬
瓜熟爛，加入蝦仁煮熟。

③ 加入鹽、雞精調味，淋入
香油即可。

冬瓜蝦仁湯

利濕化滯
通利小便

冬瓜能養胃生津、
清降胃火，還有良好的
清熱解暑功效；
蝦仁含有豐富的蛋白質，
及鈣、磷等礦物質，
營養豐富，肉質鬆軟
易消化。此湯有
排毒養顏、利濕化滯、
降脂降壓、通利小便之功效。

材料

鯉魚…1條（約500克）

紅豆…50克

陳皮…10克

草果…1個

薑片…5克

鹽…3克

香菜段…少許

做法

① 將鯉魚宰殺，去鱗、鰓及
內臟，洗淨，切段；紅豆洗
淨，浸泡30分鐘。

② 鍋置火上，加入適量清水，
將紅豆放入鍋中，燒沸後，
改小火煮1小時，加入鯉魚
及陳皮、草果、薑片，繼續
煮至豆熟時，加入鹽調味，
撒上香菜段即可。

紅豆鯉魚湯

健脾
利濕

紅豆和鯉魚都有
健脾利濕的作用，
一同煮湯效果更佳，
適合痰濕體質
且有疲乏、食慾不振、
腹脹腹瀉、胸悶眩暈
表現的人。還可輔助
治療腎炎水腫
及妊娠浮腫。

材料

老鴨…半隻
冬瓜…200克
薏仁…50克
蔥段、薑片、鹽、
植物油…各適量

做法

① 老鴨收拾乾淨，去頭、屁股和鴨掌，剁成大塊；冬瓜洗淨去皮，切大塊；薏仁洗淨，冷水浸泡2小時以上。

② 鍋中放入冷水，將鴨塊放入，大火燒開，煮3分鐘撇去血水，撈出，用清水洗淨。

③ 另起鍋，鍋中放少量油，五分熱時放入蔥段和薑片炒香，倒入鴨塊炒變色，然後放入適量開水和薏仁，小火燉1小時後，放入冬瓜和少許鹽，繼續燉20分鐘即可。

冬瓜薏仁老鴨湯

清熱
利水

薏仁可利水消腫、健脾祛溼，是藥食兩用的利水滲濕之物；鴨肉、冬瓜性涼，可滋陰去火，和薏仁搭配有清熱利水、健脾利濕的效果。

| 推薦食材

蔬菜、菌藻類	冬瓜、黃瓜、絲瓜、芹菜、空心菜、蘿蔔、茄子、芹菜、黃豆芽、蓮藕等。
水果類	梨、枇杷、柳橙等。
穀、豆類	紅豆、白扁豆等。
肉、蛋類	黃鱔、鱧魚等。
水產類	綠茶、茯苓等。
其他類	牛奶、蓮子、茯苓、白果、芡實、黃耆、人參等。

| 飲食原則

- 可多吃化濕利水的食物，如薏仁、紅豆等。

- 宜多吃清熱化濕的食物，如番茄、苦瓜等。

- 可以多吃清除體內濕熱的食物，如西瓜、荸薺等。

- 可進食一些既能增強體質又可清熱利濕的食物，如鯽魚、泥鰍等。

- 不宜食用辛溫或滋膩礙胃的食物，如韭菜、桂圓、雞肉、雞蛋、南瓜、糯米、紅棗、荔枝等。

- 宜少食少飲溫熱食品和飲品，如牛肉、羊肉、酒等。

- 體質內熱較盛者，禁忌辛辣燥烈、大熱大補的食物，如辣椒、薑、大蔥、大蒜、胡椒、花椒等。

濕熱體質

濕熱體質是由肝膽脾胃功能相對失調，濕熱停滯在體內而引發。

表現為：面垢油光、易生痤瘡、身重睏倦、大便黏滯不暢或燥結，小便短黃；男性易陰囊潮濕，女性易帶下增多，口苦、舌質偏紅等。

材料

紅豆…50克
蓮子…30克
百合…5克
陳皮…2克
冰糖…適量

做法

① 紅豆和蓮子分別洗淨,浸泡2小時,蓮子去心;百合泡發,洗淨;陳皮洗淨。

② 鍋中倒水,放入紅豆大火燒沸轉小火煮約30分鐘,放入蓮子、陳皮煮約40分鐘,加百合繼續煮約10分鐘,加冰糖煮至化開,攪勻即可。

百合紅豆湯

促進代謝
健脾祛溼

紅豆富含維他命B1、維他命B2、蛋白質及多種礦物質,有補血、利尿、消腫、祛溼等功效;而其富含的膳食纖維能解毒、防治便祕;百合有潤肺止咳、清心安神、補中益氣、清熱利尿、健脾和胃等功效。二者搭配,能祛溼利尿、健脾益胃,增強身體代謝。

材料

冬瓜⋯200克
乾海帶⋯30克
鹽、蔥段、雞精、
香油⋯各適量

做法

① 將冬瓜洗淨，去皮、去
瓤，切塊；海帶泡軟，洗
淨切絲。

② 鍋置火上，倒適量清水，
放入冬瓜、海帶煮熟，出
鍋前撒上蔥段，放少許
鹽、雞精調味，淋上香油
即可。

海帶冬瓜湯

清熱化濕
防治痤瘡

中醫認為，冬瓜和海帶都有甘淡祛濕、清熱解毒的功效，燉湯食用，對濕熱體質者能防治痤瘡。

特別提醒

孕婦和乳母不宜多吃海帶，以免攝入
過多的碘，隨血液循環進入寶寶體
內，引起寶寶甲狀腺功能障礙。

材料

黃瓜⋯250克
乾銀耳⋯5克
蔥花、鹽、雞精、
香油⋯各適量

做法

① 黃瓜洗淨去蒂，切片；乾銀
耳用溫水泡發，摘洗乾淨，
撕成小朵。

② 鍋置火上，加適量清水中火
煮沸，放入銀耳、黃瓜片、
蔥花煮5分鐘，用鹽、雞精
和香油調味即可。

黃瓜銀耳湯

清濕解暑
調和體質

黃瓜味甘、性寒，可以清濕、解暑、利尿，非常適合濕熱體質者食用。與銀耳煲湯後，不僅可調和體質，還能美膚、去斑、消脂減肥。

推薦食材

蔬菜、菌藻類	空心菜、黑木耳、金針菇 蓮藕、洋蔥、等。
水果類	山楂、金桔、檸檬、柚子等。
穀、豆類	薏仁、黑豆等。
肉、蛋類	烏骨雞等。
水產類	螃蟹、海參等。
其他類	大蒜、核桃、枸杞、芝麻、紅棗、玫瑰花、田七、當歸、生薑、桂皮等。

血瘀體質

血瘀體質者易患各種以疼痛為主要表現的疾病以及腫瘤包塊等，表現為：面部容易色素沈澱，膚色晦暗，口唇黯淡，身體容易出現瘀斑；女性容易痛經、閉經，若出血則反覆不止，大便色黑，舌暗紫或有瘀點，易煩躁、健忘等。

飲食原則

- 宜多吃行氣活血的食物，如白蘿蔔、燕麥、菠菜等。

- 宜多吃一些活血散結、疏肝解鬱的食物，如山楂、玫瑰花等。

- 宜多吃有活血化瘀作用的食物，如油菜、黑木耳等。

- 多吃滋補身體、行氣活血的食物，如紅棗、山藥等。

- 忌食那些礙胃不易消化，或滋膩容易導致血脂增高，影響氣血運行的食物，如馬鈴薯、蠶豆、栗子、肥肉、奶油、鰻魚、蟹黃、蛋黃、魚子、巧克力、油炸食品、甜食等。

材料

乾木耳、竹蓀…各20克
金針菇…50克
排骨…100克
鹽…適量

做法

① 排骨洗淨切小塊，汆燙
　撈出；木耳泡發好，洗淨
　撕成小片；竹蓀發好，瀝
　乾，切小段；金針菇洗淨
　切段。

② 鍋置火上，倒入清水燒
　開，放排骨轉小火熬煮1小
　時，加金針菇、竹蓀、木
　耳，煮開後燜5分鐘，撒鹽
　即可。

竹蓀金針湯

減少血液凝塊

黑木耳含鐵，能補血，還含有維他命K，能減少血液凝塊，預防血栓的發生；竹蓀金針菇等菌菇類食物，也有很好的活血功效。這道湯還能提高身體免疫力。

油菜香菇湯

散血消腫

這款油菜香菇湯富含鈣、鐵、維他命C、胡蘿蔔素以及大量植物纖維,可以防止皮膚老化,促進血液循環,能散血消腫。

材料
乾香菇…6朵
油菜…300克
清湯、植物油、蔥花、薑絲、味精、鹽、香油…各適量

做法
① 油菜擇洗乾淨,放入沸水中汆燙一下,撈出後在冷水中過涼;乾香菇洗淨,用溫水泡發後,再洗淨去柄,備用。
② 鍋置火上,倒入植物油燒熱,放入蔥花、薑絲爆香,再加入油菜和香菇,大火炒熟,倒入適量清湯煮沸,然後加入鹽、味精調味,淋上香油即可。

山楂荔枝紅糖湯

活血化瘀

山楂能活血化瘀,是血瘀體質者的食療佳品,對於血瘀型痛經患者有很好的效果。

材料
山楂肉、荔枝肉…各50克
桂圓肉…20克
枸杞…5克
紅糖…適量

做法
① 山楂肉、荔枝肉洗淨;桂圓肉稍浸泡後洗淨;枸杞稍泡洗淨,撈出瀝水。
② 鍋置火上,倒入適量清水,放入山楂肉、荔枝肉、桂圓肉,大火煮沸後改小火煮約20分鐘,加入枸杞繼續煮約5分鐘,加入紅糖拌勻即可。

特別提醒
胃酸過多者不宜多吃山楂。

推薦食材

蔬菜、菌藻類	韭菜、蓮藕、白蘿蔔、海帶等。
水果類	柑橘、柚子等。
穀、豆類	大麥、黃豆等。
肉、蛋類	瘦肉、豬皮、鴨肉等。
水產類	甲魚、海參、螃蟹、牡蠣等。
其他類	大蒜、紅糖、黃酒、葡萄酒等。

氣鬱體質

氣鬱體質主要是因為長期情志不暢而導致氣血鬱滯，表現為：神情抑鬱、鬱鬱寡歡、沉默不言、煩悶不樂、憂慮脆弱；胸悶、脅肋疼痛、脘腹脹痛、多形體消瘦、舌淡紅、苔薄白，性格內向不穩定、敏感多慮。

飲食原則

- 宜多吃有理氣解鬱、調理脾胃功能的食物，如蕎麥、苦瓜、洋蔥、菊花等。

- 宜多吃疏肝理氣、行氣解鬱的食物，如白蘿蔔、玫瑰花等。

- 多吃一些能行氣的食物，如魚、肉、乳類等。

- 宜吃一些可行氣、解鬱、醒神的水果，如金桔等。

- 不宜食用酸斂收澀的食物，如烏梅、楊梅、檸檬、番石榴、桃、李子、芡實、芋頭等。

白蘿蔔可順氣健胃；
牛肉能健脾養胃。
二者搭配使用，
可以理氣解鬱，
還能調理脾胃。

蘿蔔牛腩湯

材料
牛腩…300克
白蘿蔔…100克
薑片、料酒、鹽、
胡椒粒、陳皮…各
適量

做法
① 將牛腩洗淨切塊，放入鍋中，
注入適量清水，以大火燒開，
略煮片刻以去除血水，然後撈
出瀝乾；白蘿蔔去皮洗淨，切
成大塊。
② 鍋內注入適量清水，放入牛
腩塊、蘿蔔塊、薑片、陳皮、
胡椒粒、料酒，大火煮開，再
改小火煲約2個小時至材料熟
爛，加鹽調味即可。

理氣解鬱
調脾胃

牡蠣蘿蔔絲湯

牡蠣中所含的牛磺酸，能降低人體內的膽固醇含量，可以有效預防高血壓和糖尿病。

材料

白蘿蔔…250克
去殼牡蠣…50克
香菜末、蔥花、薑絲、
鹽、植物油…各適量

做法

① 白蘿蔔擇洗乾淨，切絲；牡蠣洗淨。

② 炒鍋置火上，倒入適量植物油，待油燒至七分熱，加蔥花、薑絲炒香，放入蘿蔔絲翻炒均勻。

③ 加適量清水煮至蘿蔔絲八分熟，放入牡蠣肉煮熟，用鹽調味，撒上香菜末即可。

疏肝解鬱通氣血

特別提醒

牡蠣味道鮮美，烹調此湯可以不用雞精或味精調味。

洋蔥銀耳羹

洋蔥是目前所知、唯一含有前列腺A的植物，這種物質能降低血液黏稠度，增加冠狀動脈血流量，降低血脂和預防血栓形成。

材料

洋蔥…250克
乾銀耳…10克
冰糖…適量

做法

① 洋蔥剝去外皮，洗淨切成細絲；乾銀耳用清水泡軟，去除雜質，撕成小朵。

② 將洋蔥絲和銀耳一起放入鍋中，加水用中火燒開後轉用小火煨至銀耳軟糯，加入冰糖，待其化開即可。

調理神志

特別提醒

洋蔥有刺激性，凡有皮膚搔癢性疾病和患有眼疾、咽部充血者應慎食。

推薦食材

蔬菜、菌藻類	金針菇、番茄、青椒、高麗菜等。
水果類	柳橙、橘子、草莓等。
穀、豆類	黑米、糯米、黑豆、薏仁等。
肉、蛋類	牛肉、鵪鶉等。
其他類	荷葉、蜂蜜、人參等。

特稟體質

特稟體質是由於先天稟賦不足和稟賦遺傳等因素造成的一種特殊體質，包括先天性、遺傳性的生理缺陷與疾病，以及過敏反應等。表現為：經常有咽癢、哮喘、鼻塞、打噴嚏等過敏反應；皮膚容易起蕁麻疹，並且經常是一抓就紅，出現抓痕。

飲食原則

- 以溫平食物為主，如小米、白蘿蔔、山藥。

- 宜吃可抗過敏的食物，如紅蘿蔔、馬鈴薯等。

- 宜吃富含維他命 E、蛋白質的食物，以增強體質、抗過敏，如小麥、燕麥、綠豆、紅棗等。

- 應避免腥羶發物及含致敏物質的食物，如魚、蝦、蟹、香蕉、奇異果、栗子、木瓜、芒果等。

- 忌食生冷、肥甘油膩食物及辛辣刺激之品，如肥肉、酒、辣椒、濃茶、咖啡等。

雞塊人參湯

特稟體質的調養，重在益氣固表，人參有大補元氣的作用，還可以益氣生津、補肺補腎、益氣固表。

理氣解鬱調脾胃

特別提醒

中醫認為人參最好在早晨空腹服用，稍做活動後再進早餐，既利於吸收也不會滯氣，不適宜在睡前服用。

材料

雞塊…500克

人參…3克

枸杞…5克

蔥段、薑塊、料酒…各10克

鹽…3克

做法

① 雞塊洗淨，入沸水中汆透，撈出；人參洗淨；枸杞洗淨。

② 沙鍋倒入適量溫水後置火上，放入雞塊、人參、枸杞、蔥段、薑塊、料酒，大火燒沸後轉小火燉至雞塊肉爛，用鹽調味即可。

材料
馬鈴薯…400克
紅蘿蔔…250克
鹽、味精、清湯…各適量

做法
① 馬鈴薯、紅蘿蔔均去皮洗淨，切滾刀塊。
② 湯鍋置大火上，倒入適量清湯，加入馬鈴薯、紅蘿蔔煮40分鐘至馬鈴薯、紅蘿蔔熟爛，加鹽、味精調好口味即可。

馬鈴薯紅蘿蔔湯

防止過敏性皮炎

紅蘿蔔中的β-胡蘿蔔素能有效預防花粉過敏症、過敏性皮炎等過敏反應，特稟體質者可常吃。

特稟體質要多吃蔬菜，才能夠有效防止過敏症狀發生；蜂蜜可防治氣喘、搔癢、咳嗽及乾眼等季節性過敏症狀，日常飲食服用能使人對花粉過敏產生一定的抵抗力。

材料
雪梨…200克
番茄、洋蔥、芹菜…各50克
番茄醬、蜂蜜、葡萄酒…各適量
奶油…少許

做法
① 雪梨洗淨，去皮去核，切塊；番茄洗淨去外皮，切塊；洋蔥去乾皮，洗淨切絲；芹菜去葉，汆燙熟，撈出，控乾，切粒。
② 奶油放鍋中，加熱化開，下洋蔥絲、番茄塊炒軟，倒清水、雪梨和番茄醬中火煮沸5分鐘，淋葡萄酒，撒芹菜粒攪勻，晾至溫熱，加蜂蜜即可。

番茄蜜汁雪梨湯

防止過敏症狀

其他有效改善體質的湯品 範例

體質	湯品	主料	功效
陽虛體質	南瓜排骨湯	南瓜＋排骨	補陽氣
	白菜栗子湯	奶白菜＋栗子	養胃健脾、補腎壯陽
	白菜羊肉丸子湯	白菜＋羊肉丸子	補元陽、益血氣
陰虛體質	小白菜丸子湯	小白菜＋豬肉丸	滋陰養胃、生津解渴
	白菜鴨肉湯	白菜＋鴨肉	滋五臟之陰
	蓮子百合豬肉湯	蓮子＋百合＋豬肉	滋陰補虛
氣虛體質	銀耳紅棗牛肉湯	銀耳＋紅棗＋牛肉	補氣血、提高免疫力
	人參茯苓排骨湯	人參＋茯苓＋排骨	益氣補虛
	木耳紅棗湯	黑木耳＋紅棗	調理氣虛型月經出血過多
痰濕體質	冬瓜薏仁鴨肉湯	冬瓜＋薏仁＋鴨肉	利水消腫、健脾祛溼
	鮮蝦冬瓜羹	蝦＋冬瓜	利水、化濕、祛痰
	鯽魚百合湯	鯽魚＋百合	利水、祛濕
濕熱體質	絲瓜肉片湯	絲瓜＋豬瘦肉	祛濕
	綠豆黃瓜湯	綠豆＋黃瓜	改善濕熱火氣引起的口乾舌燥、咽喉腫痛等症狀
血瘀體質	冬粉油菜湯	冬粉＋油菜	活血化瘀
	生薑紅糖水	薑＋紅糖	化瘀散寒
氣鬱體質	蘿蔔清湯	白蘿蔔＋香菜	理氣解鬱
	佛手豬肚湯	佛手＋豬肚	輔助治療氣鬱型消化性潰瘍
特稟體質	洋蔥肉絲湯	洋蔥＋瘦肉	防止發生過敏症狀
	薏仁綠豆湯	薏仁＋綠豆	解毒、利水

第五章

讓身體更好的強身湯

推薦食材

蔬菜、菌藻類	百合、蓮藕、木耳、番茄、海帶等。
水果類	草莓、櫻桃、山楂等。
穀、豆類	燕麥、蕎麥、紅豆、黃豆等。
肉、蛋類	豬肉、牛肉等。
水產類	鮭魚、鱈魚、鯡魚、鯖魚、金槍魚、鱔魚、鰻魚、土魠魚等。
其他類	紅棗、蓮子、杏仁、栗子、核桃、花生、紫菜等。

養心

關鍵營養素

維他命 E、維他命 B1、鈣、鉀、鎂。

飲食原則

● 中醫認為紅色食物可以養心，苦味食物可以入心，因此養心可多吃紅色食物、苦味食物，如紅豆、苦瓜等。

● 飲食要以清淡為主，多吃富含膳食纖維、維他命和礦物質的食物，如新鮮蔬菜和水果。

● 盡量減少脂肪攝入，特別是動物性脂肪。

● 膳食要低鹽，少吃高糖、高鹽食物，鹽吃太多容易引發高血壓，而高血壓是心血管疾病和腦卒中的主要危險因素。

《黃帝內經》稱心為「君主之官」，負責統攝、協調五臟六腑。心為陽臟，其正常搏動要依靠心之陽氣來推動血液循環，安定神志。如果心氣旺盛，血液便能流注並營養全身，令人精神煥發、滿面紅光；如果心氣不足，則血行不暢，會出現心悸氣短、精神委靡、面色枯槁等症。

材料

魚肉段…200克
乾香菇…5克
四季豆、火腿絲、
玉蘭片…各50克
紅椒、紅蘿蔔…各20克
雞蛋…1顆
鹽…4克
清湯、太白粉水、料酒、
薑末、香油…各適量

做法

① 魚肉段洗淨去骨,切成小塊,
加鹽、料酒和薑末攪勻醃漬
10分鐘;乾香菇泡發去蒂,
洗淨;紅蘿蔔去皮,和四季
豆、玉蘭片洗淨後一起切絲,
汆燙;紅椒去蒂、籽,洗淨切
片;雞蛋打散成蛋液備用。

② 鍋內加清湯,放入魚塊,大火
燒沸。放入紅蘿蔔絲、香菇、
四季豆、火腿絲、玉蘭片和紅
椒塊,煮3分鐘。用太白粉水勾
芡,澆入雞蛋液,加入鹽、雞
精調味。

五彩魚羹

降低
心臟病
發病率

吃魚對保護心臟
極其有利,
因為魚類中普遍
含有不飽和脂肪酸,
可保護心血管系統,
降低心臟病的發病危險。

紅豆綠豆山楂湯

材料

紅豆、綠豆…各100克

紅棗…10克

山楂…50克

做法

① 將紅豆、綠豆洗淨，用冷水泡1個小時，然後撈出備用。紅棗和山楂洗淨去核。

② 將所有材料一起放入鍋中，加入適量冷水，大火燒開，然後小火煮至豆熟爛即可。

保護心肌細胞

紅豆熱量很低，是典型的高鉀食物，可以保護心肌細胞，參與心肌的代謝過程；綠豆中的不飽和脂肪酸，對保護心臟十分有益；山楂含有黃酮類物質，能擴張冠狀動脈，增加冠狀動脈的血流量，緩解血管壓力，此湯對心臟有益。

百合蛋花湯

材料

百合…20克

火腿…50克

雞蛋…1顆

蔥末…5克

雞湯…750毫升

鹽…3克

料酒…10克

做法

① 百合用清水浸泡一夜，洗淨；火腿切末；雞蛋磕入碗中打散。

② 鍋置火上，放入百合、火腿末，加雞湯大火燒開後轉小火煮10分鐘，淋入雞蛋液、攪成蛋花，加鹽和料酒調味，撒上蔥末即可。

清心安神

中醫認為，百合能清心安神；《本草綱目》中記載，雞蛋黃能滋陰養血。二者搭配在一起煮湯，具有增強滋陰養血、清心安神的功效。尤其適合神經衰弱、心悸、失眠、虛煩者食用。

推薦食材

蔬菜、菌藻類	香菇、番茄、油菜、芹菜、木耳、豆芽、海帶等。
水果類	山楂、蘋果等。
穀、豆類	燕麥、玉米、綠豆等。
肉、蛋類	各種魚類、豬瘦肉、雞肉等。
水產類	扇貝、魚類、蝦等。
其他類	枸杞、牛奶等。

關鍵營養素

蛋白質、硒、維他命 C、維他命 B 群。

飲食原則

- 攝入優質蛋白質。成年人每天250毫升脫脂牛奶、1顆水煮蛋、1兩豆製品、1兩精瘦肉，就能確保一天的蛋白質需求。另外，每週吃2～3次魚（每次3～4兩）可以確保攝入更多的優質蛋白質。

- 限制脂肪的攝入量，不吃動物油、不吃肥肉、不吃油炸食品、不吃高膽固醇食品（如動物肝臟、魚子等）。高脂肪和高膽固醇食物是加重肝臟負擔的主要危險因素之一，因此要盡量避免。

- 多吃富含膳食纖維的蔬菜和水果，如蘋果、芹菜等。膳食纖維可清除體內垃圾和毒素，將其排出體外，減輕肝臟負擔。

肝臟是人體重要的解毒器官，身體裡很多有害物質都需要肝臟來代謝。如果肝臟長期超負荷工作，體內太多的毒素無法及時排解出去，將嚴重損傷身體健康。因此首先要從飲食入手，減低肝臟負擔。

135

香菇蝦仁豆腐羹

材料

乾香菇…15克
蝦仁…100克
豆腐…250克
蔥花、薑絲、鹽、太白粉水、
香菜末、胡椒粉…各適量

做法

① 香菇泡發洗淨，去蒂，切
丁，泡香菇水留用；蝦仁洗
淨，加鹽和胡椒粉拌勻；豆
腐洗淨，切成小方塊。

② 起油鍋，加蝦仁略煸，
盛出；另起油鍋，爆香蔥
花、薑絲，取出蔥、薑後
加入香菇略煸取出。

③ 鍋內燒開濾清的香菇水
及適量清水，放入豆腐燒
滾，下入香菇再燒滾，加
蝦仁燒開，用太白粉水勾
芡，用鹽、雞精調味，撒
香菜末即可。

促進肝細胞修復

香菇富含維他命、蛋白質等成分，還含有一種叫做蘑菇核糖核酸的抗病毒物質，對於提高肝病患者身體免疫功能十分有益；豆腐和蝦仁中富含優質蛋白，可促進肝細胞的修復和再生。

豆芽雞絲湯

材料

黃豆芽、雞胸肉…各200克
鹽…4克
雞精、胡椒粉…各少許
蒜片、薑絲、蔥絲…各5克
香菜段、雞高湯、醋、
香油…各適量

做法

① 將雞胸肉洗淨，煮熟，晾
涼後撕成細絲；黃豆芽洗
淨，去根鬚。

② 鍋內放油燒至六分熱，
放蒜片熗鍋，倒雞高湯，
放黃豆芽煮5分鐘；放雞
絲，加薑絲、蔥絲，開鍋
後撇浮沫；放鹽、雞精、
胡椒粉、香菜段、醋攪
勻，淋入香油即可。

提高肝臟抗病毒能力

雞肉富含蛋白質，能有效提高受損肝組織和肝細胞的修復與再生功能；黃豆芽益氣和中，生津解毒，且含干擾素誘導劑，可增強身體抗病毒、抗癌腫瘤能力，適當食用對肝病患者有好處。

健脾胃

推薦食材

蔬菜、菌藻類	白蘿蔔、番茄、竹筍、香菇、南瓜、馬鈴薯、山藥等。
水果類	山楂、蘋果、香蕉等。
穀、豆類	小米、大麥、高粱、小麥、白米、玉米、黃豆、白扁豆、蠶豆等。
肉、蛋類	牛肉、豬肚等。
水產類	鯉魚等。
其他類	蓮子、紅棗、豆腐、牛奶等。

關鍵營養素

維他命 C、維他命A、鋅、鈣、鎂。

飲食原則

● 飲食要定時定量，少吃零食，正常一日三餐的時間正是胃酸分泌最旺盛的時候，能更妥善消化食物。

● 食物溫度「不燙不冷」，太涼會刺激胃，引起胃黏膜收縮；如果飲食過熱，對消化道和胃黏膜都是一種損傷，嚴重甚至還會導致胃黏膜出血。

● 細嚼慢嚥，可以幫助消化；少吃粗糙、過硬的食物，有助於保護胃黏膜。

中醫講，脾胃是我們的後天之本，我們人體吃進去的食物，需要通過脾胃進行消化，並將營養物質運輸到身體所需要的部位。如果脾胃不好，不僅會影響身體對食物營養的吸收，還會引起消化不良、胃酸逆流、胃脹氣等不適。

山藥含有澱粉酶、多酚氧化酶等物質，有利於脾胃消化吸收，是一味補脾胃的藥食兩用之品；排骨可補脾胃、益腎氣。二者搭配食用，不僅可健脾益胃，還能補腎。

山藥排骨湯

促進脾胃
消化吸收

材料

豬小排…200克

山藥…100克

糯米酒、鹽、冰糖…各適量

做法

① 先將豬小排剁塊，用熱水氽燙一下，洗淨備用；山藥削皮洗淨，橫刀切成約0.5公分厚的片，再從中間對半切開備用。

② 鍋置火上，放入排骨，加入1,200毫升清水，大火煮20分鐘，把切好的山藥片放入排骨中，加入適量糯米酒、鹽、冰糖調味。

③ 大火煮開後，轉小火燉煮20分鐘即可享用營養豐富的山藥排骨湯了。

竹筍香菇蘿蔔湯

開胃健脾

竹筍有開胃健脾、通腸排便，增強身體免疫力的功效；紅蘿蔔具有清熱解毒、健胃消食、化痰止咳、順氣利便、生津止渴、補中安臟等功效。常食此湯，開胃健脾、清熱解毒，增強身體免疫力。

材料

紅蘿蔔…200克
竹筍…80克
香菇…4朵
鹽…5克
薑片、香油…各適量

做法

① 竹筍洗淨切條；香菇洗淨，去蒂，切塊；紅蘿蔔去皮洗淨，切塊。

② 鍋內倒入水煮沸，放竹筍條、香菇塊、紅蘿蔔塊及薑片大火煮沸，小火燉至熟，加鹽調味，淋香油即可。

花生南瓜羹

保護胃黏膜健康

南瓜含果膠，可以保護胃腸道黏膜，免受粗糙食品刺激，促進潰瘍癒合；同時，南瓜還能促進膽汁分泌，加強胃腸蠕動，幫助消化食物，適合胃病患者食用。

材料

花生仁…50克
南瓜…200克
白糖…10克
太白粉水…少許

做法

① 花生仁挑淨雜質，洗淨，瀝乾水分；南瓜去皮和瓤，洗淨蒸熟，碾成泥。

② 炒鍋置火上，倒油燒至五分熟，放入花生仁炒熟，盛出，晾涼，桿碎。

③ 湯鍋內倒南瓜泥和清水燒開，下碎花生煮至鍋中的湯汁再次沸騰，加白糖調味，用太白粉水勾芡即可。

推薦食材

蔬菜、菌藻類	銀耳、蓮藕、山藥、百合、紅蘿蔔、白蘿蔔、蓮藕、大白菜等。
水果類	梨、荸薺、柳橙、橘子、枇杷等。
穀、豆類	白米、糯米等。
肉、蛋類	瘦肉等。
水產類	蜂蜜、栗子、白果、川貝等。
其他類	紅棗、蓮子、杏仁、栗子、核桃、花生、紫菜等。

關鍵營養素

維他命、β-胡蘿蔔素、水分。

飲食原則

● 清淡飲食，少吃一些比較肥膩以及重口味（過鹹或過甜）的食物，尤其是羊肉等熱性食物更要避免，以免引起肺部燥熱上火。

● 多吃一些新鮮的蔬果，例如梨等含有大量水分的水果和葡萄等漿果，以及具有潤肺止咳功效的柑橘等水果。

● 少吃辣椒、冷飲等刺激性食物。這些刺激性食物，不論是像辣椒這樣的大熱，還是像冷飲這樣的大寒都很傷肺，所以要避免。

《黃帝內經》中稱：「肺者，五臟六腑之蓋也。」肺能將氣如霧露般布散於全身和體表，溫養人體的皮毛、調節毛孔開合，防禦外邪入侵。大多數疾病都與肺功能失調有關，強化肺功能不僅能防治哮喘、肺氣腫等頑疾，還能使心腦血管疾病、高血壓等疾病得到有效的緩解。

材料
蓮藕…200克
山藥…150克
枸杞…5克
植物油、味精、
白糖、薑絲、鹽、
清湯…各適量

做法
① 蓮藕去皮，洗淨切厚片；山
藥去皮，洗淨切片；枸杞洗
淨備用。
② 鍋中放植物油燒熱，放入薑
絲略爆炒，倒入清湯煮沸。
③ 放入藕片、山藥片，用中
火煮至熟透，加入枸杞煮5
分鐘，用鹽、味精、白糖調
味，盛入碗中食用即可。

蓮藕山藥湯

緩解肺燥
肺熱咳嗽

蓮藕可清心潤燥，百合鮮品含黏液質，
具有潤燥清熱作用，可緩解肺燥、肺熱咳嗽。
此湯對因秋季氣候乾燥而引起的呼吸道感染症
有一定的防治作用。

荸薺銀耳羹

銀耳富含膠質、維他命、多種氨基酸等，常吃可滋陰補腎、潤肺補氣、生津止咳，還能提高身體免疫力；荸薺富含水分和維他命，可以潤肺化痰。

肺熱咳嗽、痰濃難咳者可多飲此湯。

材料

荸薺…150克
銀耳…10克
冰糖、枸杞、
太白粉水…各適量

做法

① 銀耳放温水中泡發，去蒂，洗淨，撕成小朵；荸薺去皮，洗淨切丁。

② 沙鍋內放入荸薺丁、銀耳、枸杞，加適量温水置火上，大火燒沸，然後轉小火煮至荸薺丁熟透，再加冰糖煮至溶化，用太白粉水勾薄芡即可。

銀耳雪梨湯

雪梨味甘、性寒，含蘋果酸、檸檬酸、維他命C、胡蘿蔔素等，現代醫學研究證明，梨有潤肺清燥、止咳化痰的作用；銀耳可滋陰潤肺、生津止咳。

材料

銀耳…50克
雪梨…1顆
杏仁…10克
紅蘿蔔…150克
陳皮、蜜棗、枸杞…各適量

做法

① 銀耳用清水泡發，去黃蒂，撕成小塊；雪梨洗淨，去皮、核，切小塊；杏仁洗淨，去核；紅蘿蔔洗淨，切小塊。

② 鍋內倒入八分滿的水，加入陳皮，待水煮沸後，放入銀耳、雪梨塊、杏仁、枸杞、蜜棗和紅蘿蔔塊，大火煮20分鐘，轉小火繼續燉煮約3個小時即可。

養腎

推薦食材

蔬菜、菌藻類	韭菜、山藥、香菇、黑木耳、海帶等。
水果類	紫葡萄、梨、蘋果、西瓜、哈密瓜等。
穀、豆類	黑米、黑豆、蠶豆等。
肉、蛋類	羊肉、豬腰等。
水產類	泥鰍、牡蠣、蛤蜊、海參等。
其他類	黑芝麻、栗子、核桃、桂圓、枸杞、蝦皮等。

關鍵營養素

維他命C、碳水化合物、水分、鋅。

飲食原則

● 少吃高蛋白質食物，蛋白質經過腎臟代謝才能隨尿液排出體外，如果攝入過多會增加腎臟負擔。

● 飲食要低鹽，如果吃太多鹽，會加重腎臟負擔，甚至導致腎臟功能減退。

● 適量多喝些水，多吃利尿食物，促進排尿和體內毒素的排出。

● 黑色食物可入腎，能增強腎臟之氣，可發揮補腎的作用，如黑芝麻、黑豆等。

● 不要暴飲暴食，以免增加腎臟負擔。

腎為先天之本，具有封藏、貯存精氣的作用，是生命活動的原動力，具有推動人體生長發育、提高人體生殖機能、防禦外邪入侵的作用。注意腎的保養，對於男人和女人來說都至關重要，而補腎在日常飲食中即可進行。

韭菜蝦皮蛋花湯

韭菜性溫味辛，能補腎起陽。

此湯能溫腎壯陽、利水消腫，適合慢性腎炎、腰膝酸軟、陽痿、遺精、滑精者滋補服用。

溫腎壯陽

材料

韭菜…25克
蝦皮…5克
雞蛋…1顆
鹽、味精、胡椒粉、香油…
各適量

做法

① 將韭菜洗淨，切段；雞蛋打入碗中，攪散，備用。

② 鍋置火上，倒入適量清水，放入蝦皮、鹽、味精燒沸，淋入蛋液，煮沸後放入韭菜段攪勻，撒上胡椒粉，淋上香油即可。

芙蓉海鮮羹

海參和蝦均是補腎佳品，對男子腎虛引起的消瘦、陽痿、小便頻數、腰膝酸軟、遺精、遺尿、性機能減退等病症，可發揮較好的食療效果。

滋陰補腎

材料

蝦仁…100克
水發海參、蟹棒…各80克
青豆…50克
雞蛋…1顆（取蛋清）
牛奶…適量
鹽、料酒、薑末、太白粉
水…各適量
胡椒粉…少許

做法

① 蝦仁清洗乾淨，去除蝦線；蟹棒切成小丁備用；海參、青豆，均洗淨，海參切條，青豆煮熟；雞蛋清攪勻。

② 鍋中加入蝦仁、蟹棒、海參、青豆與薑末煮至沸騰，再加鹽、料酒、薑末、胡椒粉，用太白粉水勾芡，將雞蛋清加入攪勻即可。

補益氣血

推薦食材

蔬菜、菌藻類	菠菜、芹菜、蓮藕、南瓜、山藥、木耳等。
水果類	柚子、金桔等。
穀、豆類	白米、糯米、黑米、紅豆等。
肉、蛋類	牛肉、羊肉、雞肉、豬血、鴨血、豬肝、羊肝、烏骨雞、雞蛋等。
水產類	鱔魚、鯽魚、鯉魚、蝦等。
其他類	紅棗、桂圓、花生、蜂蜜、黃耆、阿膠等。

關鍵營養素

蛋白質、鐵、維他命 C。

飲食原則

- 食物盡量烹調得細軟一些。

- 忌吃油膩、辛辣的食物。多吃富含優質蛋白質的食物，如魚類、豆類等。

- 常食用含鐵豐富的食物，如肉類、動物內臟、菠菜、芹菜、油菜等。

- 不要經常大量食用會耗氣的食物，如生蘿蔔、空心菜、山楂、胡椒等。

- 忌食生冷寒涼的食物。

幾千年來，中醫治病、防病的根本就是益氣養血。中醫認為，氣與血各有其不同作用而又相互依存，共同營養臟器，維持生命活動。氣虛常導致血虛，血虛亦常伴氣虛，因此，氣血補養應同時兼顧。

花旗參烏骨雞湯

補氣養陰

花旗參是益氣養陰之品，還可以清熱解毒；而烏骨雞則有補血、補腎的功效，對女性更是大補。將兩者組合燉湯，補而不燥，能強身健體，提高免疫力，尤其適合貧血虛弱者。

材料

烏骨雞…500克
花旗參、枸杞…各10克
紅棗…5顆
鹽…適量

做法

① 烏骨雞洗乾淨，放到沸水中汆燙，撇去浮沫，取出烏骨雞，切塊。

② 將烏骨雞塊、花旗參、枸杞、紅棗同放鍋中，加適量水，大火燒開，小火燉1小時，燉好的湯加鹽調味即可。

蓮藕冬瓜扁豆湯

補益氣血

蓮藕中含鞣質，能增進食慾、促進消化，且其中鐵、鈣的含量也很豐富，有明顯的補益氣血作用；冬瓜利尿、消水腫。此湯還能美體塑身、降火消暑。

材料

蓮藕…380克
冬瓜…450克
扁豆…75克
瘦肉…150克
鹽、薑片…各適量

做法

① 蓮藕去皮，洗淨切塊；冬瓜洗淨，去皮、去籽，切厚塊；扁豆洗淨，掰成兩段；瘦肉洗淨，入沸水中汆燙一遍，再沖洗乾淨，切片。

② 將適量水倒入鍋中燒開，下蓮藕、冬瓜、扁豆、瘦肉、薑片，煲開後改小火繼續煲2個小時，加鹽調味即可。

特別提醒

冬瓜性寒涼，脾胃虛弱、腎臟虛寒、陽虛肢冷者宜少食。

推薦食材

蔬菜、菌藻類	綠花椰菜、紅薯、白蘿蔔、紅蘿蔔、山藥、菠菜、高麗菜、生菜、香菇等。
水果類	葡萄柚、奇異果、柳橙等。
穀、豆類	白米、黃豆等。
肉、蛋類	豬肉、雞肉、鴨肉、牛肉等。
水產類	蝦等。
其他類	黑芝麻、杏仁、榛子、牛蒡等。

關鍵營養素

維他命 A、維他命 C、紅蘿蔔素、蛋白質。

飲食原則

● 多吃富含蛋白質的食物，如瘦肉、魚肉、奶類等。

● 應常吃新鮮蔬菜水果，常吃黑木耳等菌藻類食物，攝入充足的水分。

● 少吃甜食、少油脂、少喝酒，少吃油炸、燻烤食物，不偏食、挑食。

免疫力是人體自身的防禦機制，具有識別和消滅外來侵入病毒、細菌，處理衰老、損傷、死亡的自身細胞以及識別和處理體內突變細胞和病毒感染細胞的能力。人體免疫力低下則容易感染或罹患癌症，因此應注意平衡膳食，增強自身免疫力。

材料

馬鈴薯…150克
牛腿肉…50克
香菜末、蔥花、薑末、鹽、
味精、植物油…各適量

做法

① 馬鈴薯去皮，洗淨切塊；
　牛腿肉去淨筋膜，洗淨切
　塊，放入沸水中汆燙後去
　血水。

② 鍋置火上，倒入適量植物
　油，待油燒至七分熱，下
　蔥花和薑末炒香，放入牛
　肉塊煸熟。

③ 倒入馬鈴薯塊翻炒均勻，
　加入適量清水煮至馬鈴薯
　塊熟透，用鹽和味精調
　味，撒上香菜末即可。

馬鈴薯牛肉湯

提高
身體的
抵抗力

馬鈴薯中含有
大量的膳食纖維，
能寬腸通便，
預防腸道疾病發生；
牛肉中含有
豐富的蛋白質，
其中氨基酸的組成
比豬肉更接近人體需要，
能提高身體抗病能力，
強身健體。

材料

小雞…1隻
口蘑、蟹味菇、
雞腿菇…各50克
鹽…5克
白糖…3克
蔥段、料酒、香蔥末、
蒜瓣、蘑菇高湯…各適量

做法

① 小雞處理乾淨，切塊；口
　蘑、蟹味菇、雞腿菇洗淨
　後，汆燙，撕絲。

② 鍋中加蘑菇高湯，放入
　雞塊和各種蘑菇，加入蔥
　段、蒜瓣；中火燒開後，
　加料酒，轉小火燉至雞肉
　熟爛；加鹽、白糖調味，
　撒入香蔥末即可。

菌菇燉小雞

可增強
抵抗力

菌類含有多種氨基酸、
維他命B1、維他命B2、
煙酸及礦物質等，
可增強抗病能力；
雞肉富含蛋白質，
而且脂肪含量低，
此湯具有抗病毒、
提高身體免疫力、
強身健體的功效。

材料
排骨…200克
牛蒡…50克
玉米…1根
紅蘿蔔…50克
鹽…適量

做法
① 排骨洗淨，切段，在沸水中汆燙去血沫，用清水沖洗乾淨；牛蒡用小刷子刷去表面的黑色外皮，切成小段；玉米洗淨切小段；紅蘿蔔洗淨切塊。
② 把排骨、牛蒡、玉米、紅蘿蔔一起放入砂鍋中，加適量清水，沒過食材即可；大火煮沸後，轉小火再燉1小時，出鍋時加鹽調味即可。

紅蘿蔔牛蒡排骨湯

抗病強身

牛蒡營養價值極高，可以增強人體的抵抗力，尤其有很強的抗癌能力。紅蘿蔔富含維他命A，可以減少患呼吸道和消化道感染疾病的幾率；排骨富含蛋白質，可以強身抗病。

保護視力

推薦食材

蔬菜、菌藻類	白菜、菠菜、韭菜、空心菜、莧菜、豌豆苗、南瓜、番茄、紅蘿蔔等。
水果類	葡萄、蘋果、櫻桃等。
穀、豆類	玉米、小米、豌豆、黃豆、綠豆等。
肉、蛋類	豬肝、豬血、雞蛋、鵪鶉蛋等。
水產類	牡蠣、蝦等。
其他類	紅棗、菊花等。

關鍵營養素

維他命A、胡蘿蔔素、維他命B群、蛋白質、鋅、鉻。

飲食原則

● 補充優質蛋白質，視紫質的合成不光需要維他命A，還需要蛋白質的參與。所以要多吃魚類、奶類、瘦肉、蛋類、豆類、動物肝臟等蛋白質豐富的食物。

● 「肝開竅於目」、「肝受血而能視」，所以護眼的同時要注意養肝養血，多吃保肝、養血的食物，比如枸杞、豬肝等。

視力好壞除了遺傳因素外，與飲食營養有密切的關係。比如，視網膜專門負責暗視覺的細胞含有特殊的視紫質，對微弱光線極為敏感。視紫質是由蛋白質和維他命A合成的，一旦缺乏便會引起夜盲症等眼病。所以，在飲食中一定要注意營養物質的補充。

豬肝能補肝、明目、養血，用於血虛萎黃、目赤夜盲等症；黃瓜味甘、性寒，有清熱利尿、減肥輕身的功效，還可以抑制脂肪的轉化，此湯能補血明目。

豬肝黃瓜湯

補血
明目

材料
豬肝…100克
黃瓜…30克
料酒、香油、高湯、鹽、醬油、味精、植物油…各適量

做法
① 豬肝洗淨，切成長3公分、寬1公分、厚0.2公分的片；黃瓜洗淨，切成薄片備用。
② 豬肝先用沸水汆燙至剛泛白時撈出，控乾水分，放入油鍋中，用大火稍炸一下，撈出。
③ 另起鍋置大火上，加高湯、醬油、鹽、味精、料酒煮沸，加入豬肝，再沸後，撇去浮沫，撒上黃瓜片，淋上香油即可。

材料

小白菜…150克
紅蘿蔔…50克
蔥花、鹽、味精、
植物油…各適量

做法

① 小白菜擇洗乾淨；紅蘿蔔
洗淨切片。

② 鍋置火上，倒入植物油
燒熱，加入蔥花炒香，放
入紅蘿蔔片翻炒均勻，倒
入沒過紅蘿蔔片的清水，
大火燒開，然後轉小火煮
2～3分鐘，加小白菜繼續
煮1分鐘，加鹽和味精調
味即可。

小白菜紅蘿蔔湯

預防
白內障

紅蘿蔔中的
胡蘿蔔素在進入
身體後，可轉變成
維他命A，能補肝
明目；小白菜富含
維他命C，是組成
眼球晶狀體的
主要成分，若體內
缺乏易患白
內障。

材料

銀耳…10克
枸杞…30克
冰糖…適量

做法

① 銀耳用清水泡發，去根
蒂，撕碎，洗淨。

② 枸杞用清水浸泡3分鐘，
洗淨。將銀耳、枸杞與
冰糖一同入鍋，加適量
清水。

③ 將鍋置於大火上煮沸，
再用小火熬約1小時至銀
耳熟爛即可。

銀耳枸杞湯

改善
視物昏花
夜盲症

枸杞富含胡蘿蔔素、
鐵等眼睛健康的
必需營養，
中醫上常用其治療
肝血不足、
腎陰虧虛引起的
視物昏花和夜盲症，
常飲此湯對眼睛有益。

推薦食材

蔬菜、菌藻類	海帶、金針菇、紫菜。
水果類	蘋果、香蕉、柳橙、葡萄、奇異果、哈密瓜。
穀、豆類	小米、白米、燕麥、黃豆。
肉、蛋類	瘦肉、動物肝臟、雞蛋、鵪鶉蛋。
水產類	沙丁魚、鮭魚、金槍魚、牡蠣、海螺、蛤蜊、蝦。
其他類	核桃、牛奶、杏仁、花生、芝麻。

關鍵營養素

蛋白質、碳水化合物、飽和脂肪酸、維他命、鋅、卵磷脂。

飲食原則

- 以白米、麵粉、玉米、小米等富含碳水化合物的食物為主食，可增強大腦功能和記憶力。

- 適量多吃些魚、蛋、奶、瘦肉等富含優質蛋白質的食物，有助於腦神經功能及大腦細胞代謝。

- 增加不飽和脂肪酸的攝取，如芝麻、花生、核桃等，有助於增強大腦記憶力。

- 常吃些含卵磷脂的食物，如蛋類、豆類、魚肉、堅果等，可活化腦細胞，提高學習力。

如果大腦功能不好，就會出現記憶力下降、反應遲鈍等現象。尤其是用腦過度的上班族、學生，還有老年人與大腦正在發育中的嬰幼兒，更要注意補充大腦營養。

材料

蓮藕⋯250克
核桃仁⋯80克
鹽⋯5克
香油⋯少許

做法

① 蓮藕去皮洗淨，切成小塊；核桃仁洗淨備用。
② 鍋置火上，加適量清水煮開，放入蓮藕和核桃仁，用大火煮沸，再改以小火煮至原料熟透，調入鹽、香油即可。

核桃仁蓮藕湯

防止腦細胞老化

核桃仁富含磷脂，可防止細胞老化，能健腦、增強記憶力及延緩衰老。

材料

胖頭魚魚頭⋯800克
天麻片⋯15克
鮮香菇⋯35克
蝦仁、雞肉⋯各50克
鹽⋯4克
胡椒粉⋯2克
蔥段⋯15克
薑片⋯10克

做法

① 魚頭洗淨；香菇洗淨，去蒂，切片；蝦仁洗淨，去除蝦線再次沖淨；雞肉洗淨，切片。
② 鍋內倒油燒熱，放胖頭魚魚頭煎燒片刻，加香菇片、雞肉略炒，倒清水，加天麻片、蔥段、薑片小火煮20分鐘，放蝦仁煮熟，加鹽、胡椒粉即可。

魚頭補腦湯

改善大腦機能

胖頭魚魚腦中含有一種人體所需的魚油，魚油中富含多元不飽和脂肪酸，可以發揮維持、提高並改善大腦機能的作用。

材料
綠花椰菜…100克
鵪鶉蛋…8個
鮮香菇…5朵
火腿…50克
櫻桃番茄…5顆
鹽…適量

做法
① 綠花椰菜洗淨掰成小朵,放入沸水中燙1分鐘;鵪鶉蛋煮熟,剝皮;鮮香菇去蒂,洗淨切丁;火腿切成小丁;櫻桃番茄洗淨,對半切開。
② 鮮香菇、火腿丁放入鍋中,加適量清水大火煮沸,轉小火再煮10分鐘,然後把鵪鶉蛋、綠花椰菜放入,再次煮沸,加鹽調味,出鍋時把櫻桃番茄放入即可。

綠花椰菜鵪鶉蛋湯

補腦
益智

鵪鶉蛋是一種很好的滋補品,而且富含蛋白質、卵磷脂,可以補腦益智,十分適合經常用腦者。此外此湯還能補虛、美容潤膚。

排毒

推薦食材

蔬菜、菌藻類	白菜、芹菜、韭菜、 蘆筍、紅蘿蔔、白蘿蔔、紅薯、黃瓜、木耳、海帶、紫菜等。
水果類	蘋果、櫻桃、葡萄等。
穀、豆類	燕麥、糙米、綠豆等。
肉、蛋類	豬血、鴨血等。
其他類	蒟蒻、大蒜、蜂蜜等。
其他類	紅棗、蓮子、杏仁、栗子、核桃、花生、紫菜等。

關鍵營養素

膳食纖維、植物膠質。

飲食原則

● 多吃富含膳食纖維的蔬菜、水果及豆類、穀類等。

● 忌吃高蛋白、高膽固醇食物,如動物腦、動物肝腎等。

● 少吃辛辣刺激性食物,如辣椒、大蒜、胡椒等。

人體在代謝過程中所產生的廢物如果不能及時排出體外,越積越多,就會成為有毒物質,這些毒素會在人體的五臟六腑以及血液中停留、聚集,嚴重危害人體健康。因此,排毒是確保身體健康的重要一環,日常要多吃具有排毒功效的食物來清除體內毒素。

156

材料
菠菜…150克
豬血…200克
鹽…4克
香油…2克

做法
① 將豬血洗淨，切塊；菠菜洗淨，汆燙，切段。
② 將豬血塊放入沙鍋，加適量清水，煮至熟透，再放入菠菜段略煮片刻。
③ 加入鹽調味，淋香油即可。

菠菜豬血湯

排除
粉塵和
雜物

豬血中的蛋白質經胃酸分解後，可產生一種消毒及潤腸的物質，這種物質能與進入人體內的粉塵和有害金屬微粒發生化學反應，最終通過排泄將這些有害物帶出體外。菠菜中的膳食纖維也可排毒清腸。

雙耳羹

潤肺
清滌腸胃

木耳中的膠質可把殘留在人體消化系統內的灰塵、雜質吸附集中起來，並排出體外，從而發揮清胃滌腸的作用；銀耳可滋陰潤肺，改善肺熱咳嗽、肺燥乾咳、久咳喉癢、咳痰帶血等。

材料

乾銀耳、乾黑木耳…各10克

蔥末…10克

鹽…2克

雞精…1克

太白粉水…適量

做法

① 乾銀耳、乾黑木耳分別用清水泡發，擇洗乾淨，切碎。

② 鍋置火上，倒油燒至七分熱，炒香蔥末，放入銀耳和黑木耳翻炒均勻，倒入適量清水，大火燒開後轉小火煮15分鐘，加鹽和雞精調味，用太白粉水勾芡即可。

海帶排骨湯

排除
有害物質

海帶中的碘進入人體後，可促進有害物質、病變物和炎症滲出物的排除，海帶還含有一種多糖成分，能吸收血管中的膽固醇，促使其排出體外。

材料

排骨…200克

蓮藕、海帶…各100克

薑片、蔥花、料酒、鹽、香油、植物油…各適量

做法

① 排骨切段，鍋中放入適量的水，排骨放入鍋中，大火煮沸，撇去血水，然後撈出瀝乾水分；蓮藕去皮切塊；海帶洗淨切塊。

② 鍋中放少量油，加入薑片爆香，倒入排骨煸炒至變白，加入料酒，再加適量清水用大火煮開，撇去浮沫，轉小火燉半個小時。

③ 放入藕塊、海帶塊用中火燉至藕熟、排骨離骨，加入鹽調味，撒蔥花，滴香油即可。

祛濕

按中醫的說法，「濕」指的是「濕邪」、「痰濕」，人體很多疾病都是因為「濕」的存在，大家最熟悉的疾病就是「濕疹」。生活中，很多人患上了脂肪肝、哮喘、高血壓、心腦血管等疾病，甚至惡性腫瘤，這些病也都跟「濕邪」、「痰濕」有關。

推薦食材

蔬菜、菌藻類	冬瓜、蓮藕、薺菜、扁豆、水芹、洋蔥、白蘿蔔等。
水果類	柚子、荸薺、西瓜、柳橙等。
穀、豆類	薏仁、燕麥、糙米、高粱、綠豆、蠶豆、紅豆等。
水產類	鯽魚、鯉魚等。
其他類	茯苓、荷葉、芡實等。
其他類	紅棗、蓮子、杏仁、栗子、核桃、花生、紫菜等。

關鍵營養素

蛋白質、膳食纖維、鉀。

飲食原則

- 少吃甘溫滋膩及燒烤、烹炸的食物，如辣椒、牛肉、羊肉、酒、韭菜、生薑、胡椒、花椒等。

- 少吃高熱量、高脂肪、高膽固醇的食物，如甜食、肥肉、動物內臟等。

- 忌吃寒涼生冷、溫熱助濕的食物，比如冷飲、海鮮等寒涼的食物及羊肉、龍眼肉等性溫生熱的食物。

紅豆有健脾祛溼、消腫解毒的功效；冬瓜能利尿消腫、解暑氣；鯽魚也是很好的健脾祛溼的材料。三者都有祛溼功效，一起熬湯味道清淡、富有營養。

材料
紅豆⋯50克
冬瓜⋯200克
鯽魚⋯1條
薑片、植物油、
鹽⋯各適量

做法
① 紅豆洗淨，用冷水浸泡2小時以上；冬瓜洗淨，去皮切片。
② 鯽魚收拾乾淨。鍋中放少量油，待油熱後開小火，將鯽魚放進鍋中微煎，煎至兩面微黃即可。
③ 將煎好的鯽魚和紅豆、冬瓜、薑片一起放入砂鍋，放適量清水，以沒過材料為準，大火煮沸後改小火慢燉2小時，加入鹽調味即可。

冬瓜紅豆鯽魚湯

祛溼
利尿

芡實薏仁老鴨湯

清熱利水

芡實和薏仁都是清熱祛濕的好食材，老鴨湯也有祛濕的功效，而且是非常滋補的湯品。三者一起燉湯，清熱利水的功效更佳。

材料

芡實⋯30克
薏仁⋯50克
老鴨⋯1隻
鹽⋯適量

做法

① 薏仁洗淨，浸泡3小時；老鴨去毛及內臟，洗淨，剁成塊。

② 將老鴨放入砂鍋內，加適量清水，大火煮沸後加入薏仁和芡實，小火燉煮2小時，加鹽調味即可。

土茯苓煲豬骨湯

健脾祛濕

土茯苓具有清熱、解毒、祛濕的功效；豬骨能壯腰膝、補虛弱、強筋骨；兩者一同燉煮，再加上有化氣祛濕功效的陳皮，這道湯味道香醇清潤，可以有效清熱解毒、健脾祛濕。

材料

土茯苓⋯10克
豬脊骨⋯250克
陳皮、薑片、料酒、鹽⋯各適量

做法

① 豬脊骨洗淨，剁塊，用沸水汆一下，撈出，用清水洗淨。

② 到藥店買現成的土茯苓片，洗淨備用；陳皮泡軟，洗淨。

③ 將豬脊骨、土茯苓、陳皮和薑片一起放入砂鍋內，加適量清水，以沒過食材為準，大火煮沸後，放入適量料酒，改小火慢煲3小時，加鹽調味即可。

推薦食材

蔬菜、菌藻類	蓮藕、芥藍、番茄、百合、銀耳等。
水果類	草莓、山竹、火龍果、柚子、橘子等。
穀、豆類	薏仁、大麥、綠豆等。
其他類	蜂蜜、蓮子心等。
水產類	鮭魚、鱈魚、鯡魚、鯖魚、金槍魚、鱔魚、鰻魚、土魟魚等。
其他類	紅棗、蓮子、杏仁、栗子、核桃、花生、紫菜等。

關鍵營養素

膳食纖維、維他命 E、維他命 B 群。

飲食原則

- 多吃流質食物，多喝開水、純果汁飲料、豆漿、牛奶等飲品，可以養陰潤燥，彌補損失的陰津。

- 多吃蔬菜和性質偏涼的水果，如黃瓜、冬瓜、梨、西瓜等，可生津潤燥、敗火通便。

- 多吃酸味、苦味食物，少吃辣味食物。如檸檬、柚子等酸味食物可收斂補肺，苦瓜、苦菊等苦味食物可敗火，大蒜、辣椒等辛辣食物則會發散瀉肺。

- 少吃煎炸食品，如炸雞腿、炸里脊等，否則會助燥傷陰，加重上火。

敗火

「上火」是指人體陰陽失衡後出現的內熱症，通常表現為咽喉乾痛、兩眼紅赤、鼻腔熱烘、口乾舌燥、流鼻血、牙痛等症狀。比如，現代人生活壓力大、經常熬夜、食用過量辛辣食物等，都可能引起上火。季節更換、飲食不當，都有可能引起上火。

材料
銀耳…10克
火龍果、雪梨…各200克
冰糖…適量

做法
① 銀耳用涼水泡發後，擇洗乾淨，撕成小朵；雪梨洗淨去核，切塊；將火龍果從中間分開，留果殼備用，取出果肉，切成塊。
② 鍋內放入適量清水，將銀耳、冰糖一起放入水中，大火煮沸後改小火慢燉1小時，然後放入火龍果、雪梨，繼續熬煮至黏稠後關火，將燉好的湯盛入火龍果殼中即可。

火龍果銀耳雪梨羹

清熱去火

火龍果具有清火排毒、抗衰老等功效，與可以生津止渴的銀耳以及清熱去火的雪梨一起燉製，清新爽口，敗火效果更佳。

材料

苦瓜…150克　　鹽…3克
豬瘦肉…60克　　雞精…2克
豆腐…100克　　香油…少許
料酒、醬油、
太白粉水…各適量

做法

① 苦瓜洗淨，剖兩半，去瓤
　 切片；豬瘦肉洗淨，剁成
　 蓉，加料酒、香油、醬油
　 醃10分鐘。

② 鍋內倒油燒熱，下肉蓉
　 滑散，加入苦瓜片翻炒
　 數下，倒入沸水，推入豆
　 腐塊煮熟，加鹽、雞精調
　 味，用太白粉水勾薄芡，
　 淋上香油即可。

苦瓜豆腐瘦肉湯

清熱降火

苦瓜
可以除熱敗火、
解勞乏、
清心明目，
是絕佳的清熱
降火食材。

材料

綠豆…60克
乾海帶…30克
醋、冰糖…各適量

做法

① 淘米水中滴幾滴醋，放入乾
　 海帶泡發，洗去沙粒和表面
　 髒汙，再用清水漂淨，切細
　 絲狀，入沸水中稍微汆燙，
　 撈出瀝水；綠豆淘洗乾淨，
　 提前浸泡2小時。

② 沙鍋加適量清水，大火煮
　 開後，放入綠豆，再次煮沸
　 後，下入汆燙後的海帶絲，
　 大火煮約20分鐘，入冰糖轉
　 小火繼續煮至綠豆軟糯酥爛
　 即可。

綠豆海帶湯

清心安神

綠豆性涼，
可消暑止渴、
清熱解毒；
海帶性寒、味苦，
可軟堅散結、
清熱消痰，
還能降壓。
此湯可預防肝火旺盛，
緩解口苦口乾等症，
還可輔助降壓。

推薦食材

蔬菜、菌藻類	白菜、黃瓜、高麗菜、絲瓜、木耳、香菇等。
水果類	草莓、蘋果、西瓜、櫻桃、木瓜等。
穀、豆類	薏仁、玉米、黃豆、紅豆等。
肉、蛋類	牛肉、豬蹄等。
水產類	鮭魚、金槍魚、蝦等。
其他類	紅棗、桂圓、花生、松子、豆腐、豆漿等。

關鍵營養素

維他命C、維他命E、膠原蛋白、抗氧化劑。

飲食原則

- 常吃些富含胡蘿蔔素、維他命E和茄紅素的抗氧化食物，如芝麻、番茄、堅果等。

- 適當補充富含膠原蛋白的食物，如豬蹄、海參、雞爪等。

- 適當補充大豆、核桃、深海魚等富含不飽和脂肪酸的食物。

- 少吃辛辣、煎炸、刺激性食物以及加工食品。

營養是美容的關鍵，合理攝取營養就能達到美容的效果。比如，皺紋的出現是由於皮膚缺乏水分，皮膚的膠原蛋白和軟骨素減少，彈性下降，人體內的過氧化脂質增多所造成的，這可以藉由合理飲食來減緩。同樣，皮膚雀斑、乾燥等狀況都可以通過飲食改善。

材料
絲瓜⋯100克
蝦仁⋯50克
熟火腿⋯30克
蒜末、太白粉水、鹽、
胡椒粉、植物油⋯各適量

做法
① 絲瓜洗淨，去皮後切滾刀塊；
　 蝦仁挑去腸線後洗淨；熟火腿
　 切片。
② 鍋置火上，放入少量油，燒
　 熱後加入蒜末炒香，放入絲瓜
　 塊，翻炒至絲瓜變色。
③ 在鍋中倒入清水，大火燒開後
　 加蝦仁、熟火腿煮熟，加鹽、
　 胡椒粉調味後，用太白粉水勾
　 薄芡即可。

絲瓜蝦仁湯

肌膚美白
富有彈性

絲瓜中的維他命B1能防止皮膚老化，
維他命C能美白肌膚、消除斑塊，
搭配蝦仁做湯，可讓肌膚美白、富有彈性。

黃豆中的維他命E具有抗氧化功效，可減緩人體衰老的速度，延緩皺紋產生；豬蹄富含膠原蛋白，可保持皮膚彈性，減少皺紋。

黃豆豬蹄湯

抗衰抗皺

材料

豬蹄⋯300克

黃豆⋯100克

香菇⋯20克

薑片、料酒、鹽、陳皮⋯各適量

做法

① 將豬蹄洗淨切小塊，放入鍋中，注入適量清水，大火燒開，略煮片刻以去除血水，撈出瀝乾；黃豆淘洗乾淨，泡一夜；香菇泡發，洗淨，去柄。

② 鍋內注入適量清水，放入豬蹄塊、黃豆、薑片、陳皮、料酒，大火煮開，再改小火煲約1.5個小時，然後再加入香菇煮至豬蹄熟爛，加鹽調味即可。

豆腐中富含維他命E、大豆異黃酮成分，能夠延緩衰老，還能美容潤膚。

三色豆腐羹

延緩衰老美容潤膚

材料

豆腐⋯200克

芹菜、紅蘿蔔⋯各50克

高湯⋯500毫升

太白粉水⋯10克

蔥花、香油⋯各5克

鹽3克，雞精⋯少許

做法

① 將豆腐洗淨，切小丁，放入加鹽的沸水中汆燙，過涼；芹菜擇洗乾淨，切小丁，汆燙過涼；紅蘿蔔洗淨，切小丁。

② 鍋內倒植物油燒至六分熱，放入蔥花爆香，下紅蘿蔔翻炒片刻，倒入高湯大火燒沸。

③ 放入芹菜、豆腐，開鍋後轉小火煮5分鐘，用太白粉水勾薄芡，加入適量鹽和雞精調味，淋上香油即可。

瘦身

肥胖與飲食關係密切，關注減肥和需要瘦身的人群必須注意飲食問題。但減肥不是餓肚子，想要健康、美麗地變瘦，正確的方法就是要膳食合理。

推薦食材

蔬菜、菌藻類	紅蘿蔔、黃瓜、冬瓜、山藥、紅薯、南瓜、海帶、蒟蒻、芹菜、白菜等。
水果類	蘋果、西瓜等。
穀、豆類	糙米、薏仁、玉米、燕麥、紅豆等。
其他類	山楂等。

關鍵營養素

膳食纖維、維他命 C、維他命 B 群。

飲食原則

- 飲食宜清淡。

- 常吃一些飽腹感強、能量低的食物，如蔬菜。

- 限制每天攝入食物的總能量，確保各種營養素的充足供給。

- 少吃油膩、油炸食物。

- 少喝碳酸飲料。

- 少吃高脂肪食物，如肥肉、動物肝臟等。

材料
豆芽…200克
鮮蘑菇…150克
蔥花…10克
香菜末…5克
鹽…2克
胡椒粉、雞精…各1克

做法
① 豆芽擇洗乾淨；鮮蘑菇去根，洗淨，用沸水汆燙，撈出撕成條。
② 鍋置火上，倒油燒至七分熱，炒香蔥花，放入豆芽翻炒均勻，倒入適量清水燒至豆芽斷生，加入汆燙好的蘑菇，加鹽、胡椒粉、雞精調味，撒上香菜末即可。

豆芽蘑菇湯

減少
熱量攝入

豆芽熱量很低，膳食纖維含量較高，常吃豆芽可以發揮減肥效果；蘑菇有助於產生飽腹感，從而減少進食量、降低熱量的攝入。

特別提醒
豆芽膳食纖維較粗，不易消化，且性偏寒，腸胃不好和脾胃虛寒的人不宜經常食用。

香菜黃瓜湯

黃瓜內含丙醇二酸，可抑制糖類食物轉化為脂肪，還含有豐富的纖維素，能加強胃腸蠕動，使大便通暢，且含熱量較低。

抑制糖類轉化

材料

黃瓜…250克

香菜…25克

薑絲、鹽、胡椒粉、香油…各適量

做法

① 黃瓜洗淨，切片；香菜擇洗乾淨，切段。

② 鍋中加適量清水，加雞粉、薑絲煮沸，放入黃瓜片，待湯再次煮沸時，調入鹽、胡椒粉，撒入香菜段，淋上香油即可。

特別提醒

香菜中含有許多揮發油，其特殊的香氣就是揮發油散發出來的，香菜最後放，可保持其色澤和香氣的持久。

冬瓜海帶湯

冬瓜含有丙醇二酸，能抑制各種食物中的碳水化合物轉化為脂肪，海帶富含碘，碘能參與甲狀腺素合成，促進新陳代謝，從而加速脂肪、糖、蛋白質的分解氧化，有助於減肥。

促進代謝防止發胖

材料

冬瓜…150克

海帶…50克

鹽、蔥段…各適量

做法

① 將冬瓜洗淨，去皮去瓤，切塊；海帶泡軟洗淨，切塊備用。

② 鍋置火上，倒適量清水，放入冬瓜、海帶煮沸，出鍋前撒上蔥段，放少許鹽調味即可。

其他保健養生的湯品 範例

養生目標	湯品	主料
排毒、健腦	雙耳牡蠣湯	木耳＋銀耳＋牡蠣
排毒、減肥	海帶蘿蔔湯	海帶＋蘿蔔
補氣養血	花生紅棗雞湯	土雞＋花生＋紅棗
補血益氣	菠菜雞肉湯	菠菜＋雞肉
補氣血、益肝腎	蓮藕黑豆湯	蓮藕＋黑豆＋紅棗
健腦、促進生長發育	鵪鶉蛋菠菜湯	鵪鶉蛋＋菠菜
美白肌膚	蓮實薏仁美容羹	蓮子＋芡實＋薏仁
去斑、美白	柑橘銀耳湯酸甜可口	橘子＋水發銀耳＋乾蓮子
健腦益智	核桃蓮藕湯	核桃＋蓮藕
烏髮、補腎	黑豆羊肉湯	黑豆＋羊肉
延緩衰老、補虛	黃魚雪菜湯	黃魚＋雪菜
使皮膚充滿彈性	蹄筋花生湯	豬蹄筋＋花生
消脂、減肥、減少皺紋	黃瓜銀耳湯	黃瓜＋銀耳
健脾、養胃	蘿蔔牛腩湯	白蘿蔔＋牛腩
健腦、提高記憶力	山藥魚頭湯	山藥＋胖頭魚頭
補腎壯陽	韭菜肉片湯	韭菜＋瘦肉
緩解視力疲勞	紅蘿蔔芹菜湯	紅蘿蔔＋芹菜
滋陰、補虛	墨魚排骨湯	墨魚＋排骨
美容潤膚、延緩衰老	番茄排骨湯	番茄＋排骨
排毒、補腎	木耳腰片湯	木耳＋豬腰
補腎壯陽	酸辣肚絲湯	豬肚＋韭菜

第六章
趕走身體不適的調養湯

糖尿病

糖尿病是一種內外因素長期共同作用所導致的慢性、全身性、代謝性疾病，特點是由於體內胰島素的相對或絕對不足而引起體內葡萄糖、蛋白質和脂肪三大產熱營養素的代謝紊亂，最主要的表現是血液中葡萄糖的含量過高以及尿中有糖。

推薦食材

蔬菜、菌藻類	大白菜、菠菜、油菜、空心菜、山藥、冬瓜、南瓜、黑木耳、香菇、紫菜等。
水果類	蘋果、山楂、橘子、柚子、番石榴等。
穀、豆類	玉米、小米、黑米、薏仁、黃豆、紅豆、黑豆、綠豆等。
肉、蛋類	鴨肉、瘦羊肉等。
水產類	泥鰍、牡蠣、扇貝等。
其他類	綠茶、蓮子、枸杞、玉米鬚、西洋參等。

關鍵營養素

維他命A、維他命B群、維他命E、硒、鉻。

飲食原則

● 平衡膳食、搭配粗糧、葷素搭配。規律進食，少量多餐，適當加餐。

● 應選擇瘦豬肉、雞肉、魚和海產品等富含優質蛋白質的食物。

● 限制脂肪攝入，並以花生油、大豆油等植物油為主。

● 單糖和雙糖的吸收速度快，會使血糖迅速升高，糖尿病患者要減少攝入。

● 膳食纖維可以促進胰島素分泌，降低血糖含量，有利於控制血糖。

● 限制鹽的攝取量，最好不飲酒。

苦瓜中的苦瓜皂苷被稱為「植物胰島素」，有明顯的降血糖作用，不僅可以減輕人體胰腺的負擔，有利於胰島β細胞功能的恢復，還可預防糖尿病繼發白內障的出現。

苦瓜番茄玉米湯

材料

苦瓜…100克
番茄…50克
玉米…半根
鹽、雞精…各適量

做法

① 苦瓜洗淨，去瓤切段；番茄洗淨，切大片；玉米洗淨，切小段。

② 將玉米、苦瓜放入鍋中，加適量水沒過材料，大火煮沸後改小火燉10分鐘後，加入番茄片繼續燉，待玉米完全煮軟後，加鹽和雞精調味即可。

減輕
胰腺負擔

山藥中的黏液蛋白，能延緩糖類吸收，山藥還含有可溶性膳食纖維，能延遲胃內食物的排空時間，延緩餐後血糖升高的速度。鱸魚熱量低，富含蛋白質，適合糖尿病患者食用。

山藥鱸魚

材料

鱸魚…500克
山藥…100克
裙帶菜…50克
枸杞、鹽、雞精、糖、
植物油…各適量

做法

① 將山藥洗淨，去皮，切成滾刀塊；裙帶菜洗淨，切絲；枸杞洗淨；鱸魚收拾乾淨、洗淨，去頭去骨，魚肉切成片。

② 鍋內放適量油，五分熱時，放入魚頭、魚骨翻炒3分鐘後倒入開水，放入山藥，用大火燒開成奶白色，放入裙帶菜，稍燉幾分鐘，加入鹽、雞精、糖調味，轉小火慢燉，然後將魚頭、魚骨、山藥、裙帶菜撈出放入碗中；將枸杞倒入鍋中，放入魚肉片繼續燉至熟，連湯一起倒入盛魚頭和魚骨的碗中即可。

延緩
糖類吸收

高血壓

推薦食材

蔬菜、菌藻類	芹菜、洋蔥、馬鈴薯、菠菜、黃瓜、油菜、香菇、紫菜、海帶等。
水果類	西瓜、柳橙、橘子等。
穀、豆類	燕麥、玉米、小米、黃豆、綠豆、紅豆等。
肉、蛋類	雞肉等。
水產類	草魚、鯽魚等。
其他類	蓮子、芝麻、花生等。

關鍵營養素

膳食纖維、鉀、鈣、維他命P、芹菜素。

飲食原則

● 避免進食高熱量、高脂肪、高膽固醇的「三高」食品。

● 常吃膳食纖維及維他命豐富的新鮮水果與蔬菜。

● 增加膳食中鉀的攝取量。

● 要低鹽飲食，一般每天控制在5克以內比較好，病情較重、有併發症則需控制在每天3克以下，甚至是無鹽飲食。

● 食用油宜選擇植物油。

● 忌飲濃茶、濃咖啡，少吃辛辣調味品，控制飲酒。

● 提倡高鈣飲食。

高血壓的診斷標準是：在未服用降壓藥物的情況下，舒張壓大於等於90毫米汞柱或收縮壓大於等於140毫米汞柱。發生高血壓後常伴有頭暈、頭痛、煩躁、心悸、失眠、耳鳴、手腳麻木等症狀。

材料
綠豆、芹菜…各50克
鹽、雞精、太白粉水、
香油…各適量

做法
① 綠豆揀去雜質，洗淨，用
清水浸泡6個小時；芹菜
擇洗乾淨，切段。
② 將綠豆和芹菜段放入攪拌
機中攪成泥。
③ 鍋置火上，加適量清水
煮沸，倒入綠豆芹菜泥攪
勻，煮沸後用鹽和雞精調
味，太白粉水勾芡，淋入
香油即可。

綠豆芹菜湯

排泄鹽分
降低血壓

芹菜含有維他命P和鉀，
能夠排泄鹽分，
降低血管通透性，
增強毛細血管壁彈性，
從而降低血壓；
綠豆富含鉀，
有很好的利尿、降壓功效。
此湯能清熱、去火、解毒，
十分適合夏季飲用。

紫菜肉末羹

紫菜和瘦肉都含有豐富的鎂，能影響膽鹼合成及生理功能的發揮，從而降低血壓，減輕高血壓患者的頭暈、頭痛、耳鳴、心悸等症狀，並能預防動脈粥樣硬化。

緩解高血壓的症狀

材料

乾紫菜…10克　　蔥末…5克
豬瘦肉…50克　　鹽…3克
雞蛋…1顆　　　　香油…5克
太白粉水…少許　　雞精…1克

做法

① 乾紫菜撕成小片；豬瘦肉洗淨，切成肉末；雞蛋打散，攪勻。

② 鍋置火上，倒入豬肉末，加適量清水燒沸，轉小火煮至豬肉末熟透，放入紫菜和蔥末攪拌均勻，倒入雞蛋液攪勻，用鹽、雞精和香油調味，太白粉水勾薄芡即可。

火腿洋蔥湯

洋蔥是目前已知的唯一含有前列腺素A的食物，能降低人體外周血管阻力，從而降低血壓，使血壓長期保持穩定。

降低外周血管阻力

材料

熟火腿…50克
洋蔥…250克
香菜末、鹽、雞精、
植物油、枸杞…各適量

做法

① 熟火腿切絲；洋蔥去蒂，去皮，洗淨，切絲。

② 鍋置火上，倒入適量植物油，待油燒至七分熱時，放入洋蔥絲翻炒均勻。

③ 加適量清水大火煮沸，轉小火煮3分鐘，然後倒入熟火腿絲、枸杞再煮2分鐘，最後用鹽和雞精調味，撒上香菜末即可。

特別提醒
有皮膚搔癢性疾病、眼疾以及胃病、肺胃發炎者不宜吃洋蔥。

高脂血症

推薦食材

蔬菜、菌藻類	洋蔥、番茄、芹菜、菠菜、茄子、香菇、木耳等。
水果類	山楂、蘋果、柚子、葡萄等。
穀、豆類	玉米、燕麥、蕎麥、薏仁、黑米、黃豆等。
其他類	枸杞、紅棗、白果、醋等。

關鍵營養素

膳食纖維、維他命 E、維他命 C、維他命 B 群、鈣、鎂。

飲食原則

● 飲食要清淡。

● 減少攝入飲食中的飽和脂肪酸，要粗細搭配，不吃或少吃動物性脂肪，少吃動物肝臟、蛋黃、魷魚等膽固醇含量高的食物；不吃油炸食品等。

● 注意補充優質蛋白，飲食中增加豆類和全穀類食物的攝入。

● 適量多吃新鮮蔬菜、水果等富含膳食纖維的食物，防止膽固醇的過度堆積。

● 少吃鹽、不飲酒。

高脂血症的病因有兩個，一是遺傳因素，一是飲食因素。其中，飲食因素尤為重要。若人體在攝入過多糖類的同時，卻沒有吸收足夠的膳食纖維、維他命、微量元素等營養成分，就極有可能引起高脂血症。

179

玉米蘿蔔排骨湯羹

玉米含豐富的煙酸，
能降低血清膽固醇濃度、
三酸甘油酯等；玉米所含的
亞油酸和玉米胚芽中的
維他命E協同作用，
也可降低血液中
膽固醇的濃度，
並防止其在血管壁上沉積。

防止膽固醇沉積

材料
玉米⋯1根
紅蘿蔔⋯100克
排骨⋯150克
薑片⋯10克
鹽⋯5克

做法
① 玉米去皮、鬚，洗淨切段；紅蘿蔔洗淨去皮，切斜塊；排骨洗淨，斬成小塊，放入沸水鍋中汆燙。
② 鍋內倒入適量清水，加排骨、薑片，大火煮開，轉小火煮1小時。
③ 加紅蘿蔔、玉米段，繼續用小火煮20分鐘，加鹽調味即可。

洋蔥的前列腺A能降低血液黏稠度，增加冠狀動脈血流量，降低血脂和、防血栓形成，洋蔥還含有多種硫化物，可降低膽固醇；紫菜中的牛磺酸可明顯降低血清膽固醇。加入芹菜、番茄等，還能輔助降壓。

材料
紫菜、洋蔥…各50克
芹菜…100克
番茄…1顆
荸薺…10個
鹽…適量

做法
① 芹菜洗淨，切段；番茄洗淨，切片；荸薺洗淨，切塊；洋蔥剝去外皮，洗淨，切絲。
② 將芹菜、番茄、荸薺、洋蔥放入鍋內，加入適量清水，大火煮沸，再轉小火煮約20分鐘，然後將紫菜放入繼續煮5分鐘，加鹽調味即可。

洋蔥紫菜湯

降低血清膽固醇

番茄所含檸檬酸、蘋果酸有分解脂肪的功效；山楂所含的解脂酶有助於促進脂肪類食物的消化，促進脂質代謝。此湯能夠有效降血脂。

材料
番茄…200克
山楂…30克
陳皮…10克
太白粉水…15克

做法
① 山楂、陳皮分別洗淨，山楂去籽，切成片；陳皮切碎，同放入碗中，備用；將番茄洗淨，連皮切碎，剁成番茄糊，待用。
② 沙鍋中加適量清水，放入山楂、陳皮，中火煮20分鐘，加番茄糊拌勻，改小火煮10分鐘，用太白粉水勾芡即可。

番茄山楂陳皮羹

促進脂質代謝

特別提醒
患胃病的人不宜空腹食用這道番茄山楂陳皮羹，特別是胃酸過多、胃炎、胃潰瘍、逆流性胃炎、逆流性食管炎患者。

脂肪肝

推薦食材

蔬菜、菌藻類	菠菜、芹菜、大白菜、海帶、木耳、黃瓜、竹筍、韭菜、油菜、香菇等。
水果類	蘋果、山楂、柚子、葡萄等。
穀、豆類	糙米、燕麥、玉米、蕎麥、紅豆、黃豆等。
肉、蛋類	雞肉、瘦肉等。
水產類	蝦、泥鰍等。
其他類	牛奶、蝦米、豆腐、豆皮、茶等。

關鍵營養素

蛋白質、膳食纖維、不飽和脂肪酸、維他命B群。

飲食原則

- 控制每日總熱量攝取於1,200～1,800大卡。

- 減少脂肪和膽固醇的攝入。

- 確保優質蛋白質的攝取，一般每日每千克體重需要1.5～2.0克蛋白質。

- 增加膳食纖維的攝取，每日可攝入膳食纖維25～30克。

- 適當進食維他命豐富的蔬菜和水果。

脂肪肝是指由多種原因引起，讓肝細胞內脂肪堆積過多而導致的病變。對於脂肪肝患者來說，致病因素可謂多種多樣，最常見的是大量攝入高脂肪、高糖類的食物，造成脂肪在肝內過度積蓄，從而使肝臟受損，不能進行正常的生理活動。

材料

老豆腐…250克

海帶結…50克

蔥段、薑片、香菜末…各5克

鹽…4克

香油、雞精…各適量

做法

① 海帶結洗淨；老豆腐洗淨，切塊。

② 炒鍋燒熱，倒油，大火燒至六分熱，放入老豆腐塊，轉小火，煎成金黃色，加適量水，放海帶結、薑片和蔥段大火煮開，轉小火再煮15分鐘，調鹽、雞精和香菜末，淋香油即可。

海帶豆腐湯

抑制膽固醇吸收

海帶富含碘、牛磺酸、褐藻酸等，可降低血液及膽汁中的膽固醇；豆腐富含優質蛋白，可保護肝細胞，並能促進肝細胞的修復與再生。此湯適合脂肪肝患者食用。

材料

豆腐…300克　　　　鹽…4克
豬瘦肉…150克　　　雞精…1克
竹筍…50克　　　　料酒…5克
乾木耳…5克
太白粉水…15克
基礎豬骨高湯…適量

做法

① 把豆腐沖洗乾淨，切成條
　塊；豬瘦肉洗淨，切成絲；
　冬筍切成絲；乾木耳泡發，
　洗淨，切絲。

② 鍋置火上，放油燒熱，將
　肉絲放入，煸炒幾下，加入
　基礎豬骨高湯，加料酒、豆
　腐條、木耳絲及冬筍絲，燒
　沸，最後加入雞精、鹽，用
　太白粉水勾芡，即可食用。

肉絲豆腐羹

**修復
肝細胞**

瘦肉中富含
優質蛋白質，
可以保護肝細胞，
並能促進肝細胞的
修復與再生。

材料

雞肉…250克
雞蛋清…1顆
火腿末…20克
鮮香菇、冬筍、黑魚肉…各50克
鹽…4克
料酒…適量
太白粉水…10克

做法

① 雞肉洗淨，剔去粗筋，剁
　成蓉泥，加水、料酒、鹽、
　太白粉水，用筷子攪勻；冬
　筍、香菇、黑魚肉分別洗
　淨，切片；雞蛋清攪散，倒
　入雞蓉碗中拌勻。

② 鍋內倒高湯燒沸，放入筍
　片、香菇片、魚片，加入
　鹽，大火燒沸後撇去浮沫，
　轉中火，將雞蓉糊慢慢倒入
　湯水中，見凝聚並浮起呈豆
　花形狀，撒上火腿末即可。

雞蓉豆花羹

**預防脂
肪肝的
發生**

雞肉熱量低，
富含優質蛋白質，
可以保護肝細胞；
雞蛋清也富含
優質蛋白質，
並且所含的氨基酸
非常接近人體需要，
可以防治營養過剩
造成的脂肪肝。

推薦食材

蔬菜、菌藻類	韭菜、山藥、番茄、冬瓜、馬鈴薯、紅蘿蔔等。
水果類	柳橙、橘子等。
穀、豆類	大麥等。
肉、蛋類	豬肚等。
其他類	蜂蜜、枸杞、牛奶等。

慢性胃炎是由各種病因引起的胃黏膜慢性炎症。多數患者會出現上腹脹、噯氣、噁心等消化不良症狀，也會伴有食慾缺乏等症。慢性胃炎多與飲食不規律、不恰當有關。因此，從飲食入手治療是非常必要的。

關鍵營養素

維他命、蛋白質。

飲食原則

● 避免高脂肪、高糖類的食物，以免造成食物回流，加重泛酸和胃灼熱症狀。

● 多吃質地柔軟、易消化的食物，以減輕胃的消化負擔，過於粗糙的食物不好消化，會加重病情。

● 進食要細嚼慢嚥，唾液中的黏蛋白、氨基酸和澱粉酶才能充分發揮消化功能，使食物顆粒變得細膩，從而減輕胃的負擔。

● 多吃新鮮蔬果，新鮮蔬果中含有多種維他命，比如維他命C有保護胃黏膜的作用，有助於增強胃的抗病能力。

● 忌喝酒、濃茶、咖啡等刺激性飲料。

黑豆豬肚湯

豬肚含有蛋白質、脂肪、碳水化合物、維他命及鈣、磷、鐵等，具有補虛損、健脾胃的功效，做湯食用很溫和，適合胃炎患者。

材料

黑豆、益智仁、
桑螵蛸、金櫻子…各10克
豬肚…1個
鹽…適量

做法

① 將黑豆、益智仁、桑螵蛸和金櫻子用乾淨紗布包裹好；豬肚清洗乾淨，去除異味。

② 將紗布包和豬肚一起放入鍋中，加適量水燉熟，加鹽調味即可。

特別提醒

新鮮豬肚黃白色，手摸勁挺且黏液多，肚內無塊和硬粒，彈性較足。

羊肉蘋果湯

羊肉可溫補氣血，蘋果可健脾益胃，豌豆益脾和胃，此湯可預防慢性胃炎。

材料

羊肉…120克
蘋果…150克
豌豆…80克
薑片、香菜、鹽…各適量

做法

① 羊肉洗淨，切塊；蘋果洗淨，切塊。

② 將羊肉、豌豆、薑片放入鍋內，加適量水大火煮沸，再放入蘋果塊，小火燉煮至熟，放鹽、香菜調味即可。

推薦食材

蔬菜、菌藻類	紅薯、菠菜、芹菜、韭菜、白菜、馬鈴薯等。
水果類	香蕉、蘋果等。
穀、豆類	燕麥、糙米、綠豆等。
其他類	蒟蒻、芝麻、核桃仁、杏仁等。

便祕

便祕不僅使人痛苦，而且代謝產物久滯於消化道，細菌會產生大量有害物質，還會降低人體免疫力，引發各種各樣的疾病。便祕主要是由於食物消化不良，所以通過飲食調節來防治是最簡單易行的方法。

關鍵營養素

蛋白質、膳食纖維、不飽和脂肪酸。

飲食原則

● 多喝水，水可以軟化糞便，利於排泄。

● 飲食清淡，禁止飲酒，遠離濃茶、咖啡，以及辛辣刺激性食物，以免大便乾結。

● 攝入足夠的粗糧、新鮮蔬菜、水果，這些食物富含膳食纖維，有助於維持腸道中細菌環境的平衡，還能刺激胃腸蠕動，有利於清腸和排便。

● 多吃富含不飽和脂肪酸的潤腸食物，如核桃仁、芝麻等堅果含油脂較多，有潤腸通便的作用。

● 及時補充維他命B群，可促進胃腸蠕動，促進新陳代謝，排除身體中滯留的水分，防止大便乾結。

油菜香菇蒟蒻湯

蒟蒻富含膳食纖維，有促進胃腸蠕動及潤腸通便的功能，可有效防止便祕，還有很好的減肥功效，搭配上含一定量膳食纖維的油菜和香菇，潤腸通便效果更好。

潤腸通便

材料
油菜…100克
乾香菇…15克
蒟蒻、紅蘿蔔…各50克
鹽…3克
雞精…少許
蘑菇高湯、香油…各適量

做法
① 油菜洗淨，用手撕成小片；香菇洗淨，泡發（泡發香菇的水留用），去蒂，切小塊；蒟蒻洗淨，切塊；紅蘿蔔洗淨，切圓薄片。
② 鍋中倒蘑菇高湯和泡發香菇的水，大火燒開，放香菇塊、蒟蒻塊、紅蘿蔔片燒至八分熟，放油菜煮熟，加鹽和雞精調味，淋香油即可。

芋頭能通便解毒、消腫止痛；紅薯能生津止渴、通便排毒。二者搭配食用，排毒效果更佳。

芋頭紅薯甜湯

通便排毒

材料

芋頭、紅薯…各100克

紅糖…適量

做法

① 芋頭洗淨，入沸水鍋中稍煮，入涼水中過水，去皮，切小塊；紅薯洗淨，削皮，切小塊。

② 鍋置火上，加入適量清水，放入紅薯塊、芋頭塊，先用大火煮2分鐘，再改用小火煮10分鐘至熟，加入紅糖攪拌均勻即可。

菠菜富含膳食纖維，能促進腸胃蠕動幫助排便；馬鈴薯含有較多碳水化合物，容易讓人產生飽足感，且含維他命和礦物質，利於排便。搭配食用，能有效促進消化，緩解便祕。

馬鈴薯菠菜湯

促進消化緩解便祕

材料

馬鈴薯…200克

菠菜…100克

鹽…4克

醋、蔥末…各適量

做法

① 馬鈴薯洗淨，切薄片，放入沸水中煮至七分熟，撈出；菠菜洗淨，汆燙後切段。

② 湯鍋中倒入清水，大火煮沸後放馬鈴薯片，煮至馬鈴薯熟軟，倒醋調味，放菠菜段煮開，加鹽、蔥末即可。

特別提醒

禁食發了芽或晒青了的馬鈴薯，因為其中的龍葵鹼容易引起中毒。

腹瀉

腹瀉分很多種，我們一般進行調理的是消化功能不好而引起的腹瀉。腹瀉會帶走體內大量營養物質，尤其對兒童及老年人危害很大。引起腹瀉的原因多與飲食習慣有關，比如暴飲暴食、吃了不乾淨的食物等，故應在飲食上多加重視。

推薦食材

蔬菜、菌藻類	紅蘿蔔、冬瓜、番茄、茄子、馬鈴薯等。
水果類	蘋果、香蕉、柳橙、葡萄、石榴等。
肉、蛋類	雞肉、牛肉、動物內臟、雞蛋等。
水產類	鱸魚等。
其他類	栗子等。

關鍵營養素

蛋白質、維他命、有機酸、果膠。

飲食原則

- 腹瀉者應進食細、軟、爛、易消化食物，最好吃些流質食物，比如軟麵、湯、粥、果汁等，並且要適當補水。

- 應吃些維他命含量豐富的食物，如各種蔬菜、水果，以補充營養。

- 切忌食用生、冷、寒、涼的食物以及肥膩、堅硬的食物。

- 低渣飲食，減少全麥麵包、玉米、糙米等膳食纖維含量高的食物的攝入。

材料

鱸魚…500克

紅棗…10克

枸杞…5克

蔥花、薑末、鹽…各適量

做法

① 鱸魚收拾乾淨，洗淨；紅棗、枸杞分別洗淨。

② 將鱸魚放入鍋中，加入適量清水和薑末、蔥花、紅棗、枸杞，大火煮沸，轉小火燉煮至魚肉熟爛，加鹽調味即可。

鱸魚湯

補虛損
健脾胃

特別提醒

患有皮膚病、瘡腫者不宜食用鱸魚。

鱸魚富含蛋白質、鐵質、鈣質，以及各類維他命，加入補血的紅棗和滋陰的枸杞燉湯食用，不僅味道鮮美，而且熱量低，易於消化，適合腹瀉者補充營養。

蘋果海帶湯

蘋果生吃和熟吃，作用不一樣，蘋果生吃有通便的作用，熟吃的時候，雖然口感有點酸，但是對因為腸道蠕動過快、收斂性差引起的腹瀉有很好的效果。

收斂止瀉

材料

海帶、豬瘦肉⋯各50克
蘋果⋯100克
薑片、鹽⋯各適量

做法

① 海帶洗淨，用清水浸泡2個小時；豬瘦肉洗淨，切塊，用沸水氽燙一下，撈起；蘋果洗淨，去皮去核，切成塊。

② 鍋內加適量水，大火煮沸，放入海帶、豬瘦肉、蘋果和薑片，繼續煮沸後轉小火燉40分鐘左右，下鹽調味即可。

番茄蛋花湯

人體內的維他命，尤其是維他命C等水溶性維他命，腹瀉的時候會大量流失，番茄、菠菜富含維他命，雞蛋富含蛋白質，可有效補充流失的營養，還能補充津液，緩解腹瀉不適。

緩解腹瀉不適

材料

番茄⋯100克　　雞蛋⋯1顆
菠菜⋯80克　　　鹽⋯4克
番茄高湯⋯600克

做法

① 雞蛋磕入碗中，打散成蛋液；番茄用沸水稍燙，去皮去籽，切片；菠菜洗淨，入沸水鍋中稍燙，撈出用涼水過涼，切段。

② 鍋置火上，加入番茄高湯大火煮沸，放入番茄片煮2分鐘，下入菠菜段，淋入蛋液攪勻，加鹽調味即可。

感冒

感冒可分為風寒感冒和風熱感冒。風寒感冒的典型症狀是流鼻涕；風熱感冒就是我們常說的傷風，症狀為頭痛、發熱、惡風、微出汗。治療感冒有時未必要依賴藥物，有些食物對於緩解發燒、咳嗽及鼻塞等方面有很好的作用。

推薦食材

蔬菜、菌藻類	辣椒、番茄、菠菜、花椰菜、山藥、蓮藕、紅蘿蔔、海帶等。
水果類	檸檬、草莓、柳橙、橘子、蘋果、荸薺等。
穀、豆類	白米、綠豆等。
肉、蛋類	牛肉、雞肉、瘦肉等。
水產類	牡蠣、蝦、魚類等。
其他類	蜂蜜、生薑、大蔥、紅棗等。

關鍵營養素

維他命 C、氨基酸、鋅、鐵。

飲食原則

- 多喝開水，感冒的人經常發熱、出汗，體內的水分流失較多。大量飲水可以增進血液循環，加速體內代謝廢物的排泄。

- 多吃蔬菜、水果。這些食物能促進食慾，幫助消化，補充人體所需的維他命和各種微量元素。

- 盡量少喝酒與濃茶。

蔥棗湯

蔥含有刺激性氣味的揮發油和辣素，有較強的殺菌作用，發揮發汗、祛痰等作用。蔥、棗搭配，有去風散熱、健脾養心之功，可緩解感冒。

去風散熱
緩解感冒

材料
紅棗…20個
蔥白…30克

做法
① 紅棗洗淨；蔥白洗淨，切段。
② 將紅棗用水泡發，洗淨，放入鍋內，置火上煮20分鐘，再加入蔥白，繼續用小火煮10分鐘即可。

魚丸翡翠湯

此湯色澤鮮亮、口味清淡，能讓感冒食慾變差者更有食慾，提供維他命、蛋白質，有利於提高免疫力，補充營養，對抗感冒。

補充營養
對抗感冒

材料
魚丸…150克
小油菜、冬粉…各50克
枸杞…10克
鹽…4克
雞精…2克
魚高湯、蔥末、薑末…各適量

做法
① 冬粉剪成長度適中的段，用清水洗淨，泡軟；小油菜洗淨，用手掰成段；枸杞洗淨後備用。
② 魚高湯下鍋，大火燒開後加入魚丸，輕輕攪動，撇去浮沫，煮至魚丸全部浮上水面，加入小油菜、冬粉、枸杞，大火煮開後加入鹽、雞精、蔥末、薑末調味即可。

材料
牛肉…200克
山藥…100克
黃耆、桂圓肉…各10克
芡實…50克
蔥段、薑片、鹽、
雞精、料酒…各適量

做法
① 牛肉洗淨，切成塊，放入沸水中汆燙，除去血水，撈出瀝乾；山藥洗淨,去皮,切成塊；芡實、黃耆切片備用；桂圓肉洗淨備用。

② 砂鍋中放入適量清水，將牛肉、芡實、山藥、黃耆蔥段、薑片一起放入鍋中，再倒入適量料酒，大火煮沸後改小火慢煲，2小時後放入、桂圓肉。小火慢煲30分鐘後，再用鹽、雞精調味即可。

牛肉山藥黃耆湯

提高
免疫力

牛肉富含蛋白質，所含氨基酸接近人體需要，可提高身體免疫力；山藥營養豐富，對健脾補肺很有益，可緩解感冒引起的咳嗽症狀，生黃耆可提高免疫力，促進感冒痊癒。

推薦食材

蔬菜、菌藻類	白蘿蔔、蓮藕、芹菜、紅蘿蔔、空心菜、油菜等。
水果類	荸薺、柳橙、蘋果等。
穀、豆類	白米、小米、燕麥、綠豆等。
其他類	紅糖、薑、牛蒡、魚腥草等。

關鍵營養素

維他命。

飲食原則

- 發燒會導致體內水分大量流失，因此要多注意補水。喝白開水、果汁、米粥都是很好的方法。

- 多吃富含維他命的水果和蔬菜，如梨、菠菜等。

- 遠離過於油膩和刺激性的食物，如各種油炸食品等。

發燒

一般來說，腋窩體溫測量10分鐘，如果超過37點4℃為發燒，體溫在37點4~38℃之間為低燒，超過39點1℃就是高燒了。感冒、各種感染、炎症等都可能導致發燒。發燒嚴重或連續不退，就要及時就醫，如症狀輕微可配合飲食緩解。

材料

冬粉、水發香菇…各50克

油菜…60克

雞蛋…1顆

鹽…適量

做法

① 香菇洗淨，去蒂，切塊；冬粉泡軟，剪成段；雞蛋打散成蛋液；油菜洗淨，逐葉掰開。

② 鍋置火上，放油燒熱，倒入適量清水煮沸後，放入香菇、冬粉煮至熟。

③ 放入油菜燙熟，倒入雞蛋液打散成蛋花，加入鹽調味即可。

冬粉香菇蛋花湯

提高免疫力

香菇可以提高免疫力，此湯口感清淡，適合發燒者食用。

荸薺豆腐湯

荸薺富含一種叫荸薺英的物質，是寒性食物，能清熱瀉火，既可清熱生津，又可補充營養，最適合發燒病人，尤其是對發燒初期的病人有非常好的退燒作用。

材料

荸薺…10個
老豆腐…100克
紫菜…5克
鹽、蔥花、薑片…各適量

做法

① 將荸薺洗淨，去皮切塊；豆腐洗淨，切丁；紫菜沖洗一下，撕成小塊。

② 鍋中倒適量清水大火燒開，放薑片、荸薺、豆腐，大火煮開，轉小火煮15分鐘，加紫菜、蔥花、鹽攪勻即可。

清火熱退燒

綠豆冬瓜湯

中醫認為綠豆性味甘涼，有清熱解毒、祛暑的功效，可以防治發熱發燒、渾身出汗、煩躁等症狀。綠豆皮中的類黃酮是發揮清熱功效的主要成分。冬瓜性涼，有助清熱。

材料

冬瓜…250克　　薑片…5克
綠豆…50克　　　鹽…4克
蔥段…10克

做法

① 冬瓜去皮、去瓤，洗淨切塊；綠豆洗淨，浸泡4小時。

② 鍋置火上，加入水燒沸，加入蔥段、薑片、綠豆煮開，轉小火煮約20分鐘。

③ 放入冬瓜塊，燒至熟而不爛時，撒入鹽，起鍋即可。

清熱解毒

咳嗽

外感咳嗽分風寒咳嗽和風熱咳嗽。風熱咳嗽是由於各種原因導致肺內鬱熱、肺氣失宣，出現以咳嗽為主的症狀；風寒咳嗽一般有咳嗽聲重，咳痰稀薄色白，常伴有鼻塞、流清涕、頭痛、發熱怕冷、無汗、肢體酸楚等症狀，多因受風寒所致。

推薦食材

蔬菜、菌藻類	百合、白蘿蔔、銀耳等。
水果類	雪梨、枇杷、荸薺等。
穀、豆類	小米、白米、黃豆等。
肉、蛋類	瘦肉、雞肉、雞蛋、豬肺等。
其他類	羅漢果、蜂蜜、川貝、冰糖、杏仁等。

關鍵營養素

維他命 C、水分。

飲食原則

● 飲食宜清淡，以新鮮蔬菜為主，適當吃豆製品，葷菜量應減少，可吃少量瘦肉或禽、蛋類食品。

● 禁忌寒涼、生冷食物，否則容易造成肺氣閉塞，加重咳嗽症狀，而且會傷及脾胃，造成脾的功能失調，聚濕生痰。

● 禁食煎、炸、辛辣食物，可產生內熱，加重咳嗽，使痰多黃稠，不易咳出。

● 禁食柑、橘、橙，等易生熱生痰的水果，否則導致反覆咳嗽不癒。

● 禁食肥肉等肥甘厚味食物，可產生內熱，同時易生痰生濕，加重咳嗽。

荸薺質嫩多汁，可生津止渴、滋陰潤肺；海蜇具有清熱、化痰、消積、通便之功效。兩者搭配，可用於肺熱咳嗽、痰濃難咳的症狀。

荸薺海蜇湯

材料
荸薺…100克
海蜇皮…50克
料酒、香油、鹽、醋、雞精…各適量

做法
① 荸薺去皮洗淨，切片；海蜇皮用清水略泡，洗淨切成絲。
② 鍋內加入適量清水，再放入海蜇皮、荸薺片，然後加入料酒、醋、鹽大火燒開，15分鐘後加入雞精、香油調味即可。

緩解肺
熱咳嗽

豬雜湯

根據中醫以臟補臟的說法，豬肺能補肺潤肺；俗話說「血能洗肺」，豬血能清除肺內的垃圾和毒素。

二者搭配食用，有補肺功用，可用於輔助治療肺虛咳嗽、久咳咯血等症。

**緩解
肺虛咳嗽
久咳咯血**

材料

豬肺…150克	薑末…5克
豬血…100克	鹽…4克
豆腐泡…50克	胡椒粉…3克
香菜末…10克	雞精…1克
蔥末…5克	

做法

① 豬肺用清水浸泡去血水，沖洗乾淨，切片；豬血洗淨，切片；豆腐泡洗淨，切開。

② 鍋置火上，倒油燒至七分熱，炒香蔥末、薑末，放入豬肺、豬血、豆腐泡略微翻炒，倒入適量清水，大火燒開後轉小火煮至豬血熟透，加鹽、胡椒粉、雞精調味，撒上香菜末即可。

玉竹麥冬銀耳羹

麥冬解熱清肺、生津止渴；玉竹和銀耳也都有潤肺滋陰的功效。

三者合用，可改善乾咳無痰或痰少黏稠，或痰中帶有血絲，口鼻乾燥、咽喉乾痛而癢等燥熱咳嗽症狀。

**改善
燥熱咳嗽**

材料

玉竹、麥冬…各25克
銀耳…15克
冰糖…10克

做法

① 將銀耳泡發，去蒂，洗淨。

② 鍋置火上，加入適量清水，放入玉竹、麥冬和銀耳、枸杞，煎煮取湯，加冰糖攪拌至化開即可。

失眠

失眠是睡眠障礙中常見的症狀，表現為經常性的入睡困難、徹夜不眠或睡眠中時常醒來等。如果長期持續下去，易陷入惡性循環，帶來多夢頭昏、頭痛、精神疲乏、健忘、情緒異常等現象，嚴重影響身心健康。

推薦食材

蔬菜、菌藻類	生菜、百合、菠菜等。
水果類	香蕉、蘋果等。
穀、豆類	小米、黃豆等。
肉、蛋類	動物肝臟、牛肉、豬肉、雞蛋等。
水產類	牡蠣、魚、瘦肉、蝦、鱔魚等。
其他類	牛奶、蜂蜜、桂圓、松子、葵花子等。

關鍵營養素

色氨酸、維他命B群、鈣、鎂。

飲食原則

- 飲食上多吃清淡食物，少吃或不吃油膩、刺激性的食物。

- 攝取富含維他命B群的食物，如綠葉菜、牛奶、肝臟、牛肉、豬肉、蛋類等。

- 攝取足夠的鈣和鎂，鈣和鎂並用是天然的放鬆劑和鎮靜劑，富含於香蕉及堅果類中。

- 睡前不要喝酒、咖啡、濃茶等刺激性的飲料，也不要暴飲暴食。

材料

黃豆、綠花椰菜…各50克
豬排骨…200克
香菇…4朵
鹽…5克
薑片…適量

做法

① 黃豆洗淨，泡漲；豬排骨洗淨，剁成段，沸水汆燙，沖去血沫；香菇用溫水泡發去蒂，洗淨，一切兩半；綠花椰菜洗淨，掰成小朵。

② 煲鍋中倒入適量清水，放入黃豆、排骨，加薑片大火煮沸，加入香菇轉小火煲約1小時，至黃豆、排骨熟爛，放入綠花椰菜煮約5分鐘，加鹽調味即可。

黃豆排骨蔬菜湯

改善
睡眠質量

體內缺鈣會導致失眠發生，黃豆和排骨中富含鈣質，補充充足的鈣能使精神放鬆，有利於改善睡眠品質。

花生紅棗雞爪湯

促進睡眠

材料

雞爪…5支

花生仁…50克

紅棗…8個

鹽…4克

雞精、香油…各適量

做法

① 雞爪洗淨，切去爪尖，用沸水汆燙後再次洗淨；花生仁、紅棗洗淨，用清水浸泡。

② 沙鍋置火上，倒入適量清水，放入雞爪、花生仁、紅棗，大火煮開後轉小火燉1小時，加鹽、雞精調味，淋入香油即可。

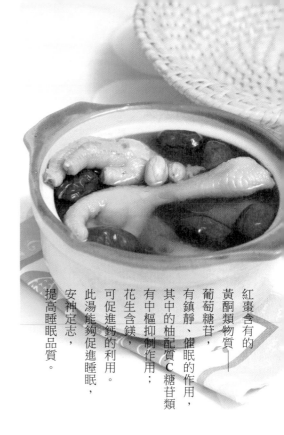

紅棗含有的黃酮類物質——葡萄糖苷，有鎮靜、催眠的作用，其中的柚配質C糖苷類有中樞抑制作用；花生含鎂，可促進鈣的利用。此湯能夠促進睡眠，安神定志，提高睡眠品質。

桂圓蓮子湯

養心安神
改善失眠

材料

桂圓…30克　　紅棗…4顆

芡實…50克　　冰糖…適量

薏仁…40克

蓮子、百合、沙參、玉竹…各20克

做法

① 薏仁洗淨，放入清水中浸泡3小時；其他材料洗淨待用。

② 煲中放入芡實、薏仁、蓮子、紅棗、百合、沙參、玉竹，然後加入適量清水，大火煮沸，轉至小火慢煮1小時，再加入桂圓肉煮15分鐘，加入冰糖調味即可。

桂圓也稱龍眼，性溫味甘，可益心脾、補氣血，具有良好的滋養補益作用，再配以清心的蓮子，更讓這款湯具有了養心安神，改善失眠的功效。

推薦食材

蔬菜、菌藻類	綠花椰菜、芹菜、生菜等。
水果類	橘子、奇異果等。
穀、豆類	黃豆、黑豆、紅豆等。
肉、蛋類	瘦肉、牛肉、雞肉、羊肉、雞蛋等。
水產類	牡蠣、蝦、螃蟹等。
其他類	牛奶、豆腐等。

骨質疏鬆症

關鍵營養素

鈣、維他命D、鎂、磷、維他命C。

飲食原則

● 充足攝入鈣質，多吃含鈣高的食物，如魚類、蝦、乳製品等。

● 多食用含維他命D的食物，以促進鈣的吸收，富含維他命D的食物有青魚、牛奶、雞蛋、沙丁魚、鱇魚等。此外，紫外線能促進皮膚合成維他命D，每天外出曬太陽，是攝取維他命D的好方法。

● 限鹽，攝取過多的鹽會增加鈣的流失，加重骨質疏鬆症的症狀。每人每天攝入鹽分不超過6克，如果患有高血壓、高血脂，就應該控制在5克以下，甚至無鹽飲食。

骨質疏鬆症是一種系統性骨病，其特徵是骨量下降和骨頭的微細結構產生了破壞，表現為骨頭的脆性增加，因而大大增加骨折的危險性。骨質疏鬆症是一種多因素所致的慢性疾病，常見於絕經後婦女和老年人。

材料

牛奶…200克

紅棗…25克

大白菜心…200克

雞蛋…1顆

做法

① 將大白菜心洗淨，切成約5公分長的片；紅棗洗淨。

② 將紅棗放入鍋內，倒入適量清水煮半個小時，然後倒入牛奶，待煮沸時再放入白菜心。

③ 等湯再次煮沸時打入雞蛋，用勺子迅速將蛋攪散成蛋花即可。

牛奶紅棗蛋花湯

增加
骨質密度

牛奶是含鈣最豐富的食品，而且牛奶也含有豐富的磷，其鈣磷比例為1比1，比較適中，可使鈣、磷等物質充分吸收，增加骨密度，強健骨骼，有效預防骨質疏鬆症。

材料

老豆腐…100克

水發海參、蝦仁、鮮貝…各25克

枸杞…少許

鹽、味精、雞精、白糖…各適量

做法

① 豆腐洗淨，切小丁；水發海參剖開，去內臟後洗淨，切小丁；蝦仁去腸線後洗淨，切小丁；鮮貝洗淨，切小丁；三種海鮮均汆燙；枸杞清洗乾淨，備用。

② 鍋置火上，倒入適量清水燒開，放入豆腐丁、海參丁、蝦仁丁、鮮貝丁、枸杞煮3分鐘，最後加入鹽、味精、雞精、白糖調味即可。

一品豆腐湯

補鈣促進
骨骼發育

豆腐含有豐富的鈣，能夠補充對於骨骼發育有重要意義的鈣質，防治因缺鈣引起的骨質疏鬆。

材料

排骨…250克
豆腐…300克
蝦皮…5克
洋蔥…50克
薑片、料酒、鹽、
雞精…各適量

做法

① 排骨洗淨，斬段，用沸水汆燙，撇出浮沫，撈出瀝乾水分；豆腐切塊。

② 將排骨、薑片、料酒放入砂鍋內，加入適量水，大火煮沸，轉小火繼續燉煮至七分熟。加豆腐、蝦皮、洋蔥，繼續小火燉煮至熟，加鹽、雞精調味即可。

排骨豆腐蝦皮湯

提高
骨質密度

豆腐、排骨富含鈣和蛋白質，蝦皮含鈣較多，鈣是骨質生長的必需材料，而骨膠原是以蛋白質為原料，此湯可有效防治骨質疏鬆。

推薦食材

蔬菜、菌藻類	菠菜、芹菜、花椰菜、海帶、蓮藕、紅蘿蔔、黑木耳等。
水果類	蘋果、奇異果、櫻桃、西瓜、山楂、梨等。
穀、豆類	小米、紅豆等。
肉、蛋類	豬瘦肉、牛肉、羊肉、豬肝、豬血、雞蛋等。
其他類	黑芝麻、桂圓、紅棗、花生、紅糖等。

缺鐵性貧血

缺鐵性貧血是一種由於體內儲鐵不足、血紅蛋白合成減少所致的貧血，是最常見的貧血。會出現呼吸加速、食慾減退、噁心、腹脹、精神不振、注意力不集中等症。

關鍵營養素

鐵、維他命C、蛋白質。

飲食原則

- 多吃富含鐵的食物，鐵離子是合成血紅蛋白的重要元素，補鐵對貧血患者尤為重要，含鐵豐富的食物有紅肉、動物肝臟、動物血等。

- 吃富含維他命C的食物，維他命C可以促進身體對鐵的吸收。

- 攝入充足的葉酸，葉酸是製造紅血球必需的營養素，平時可以多吃一些穀類、深色蔬菜以及柑橘類水果。

- 控制脂肪的攝入量，如攝入過多，會抑制造血功能。

材料
豬肝…150克
紅棗…6顆
枸杞…10克
蔥花…10克
鹽…4克
雞精…2克
料酒…5克

做法
① 豬肝去淨筋膜，洗淨切片；紅棗、枸杞洗淨。
② 沙鍋置火上，放入紅棗、枸杞和1,500毫升清水一起煲，水開後下入豬肝，用大火煮5分鐘左右，加蔥花、鹽、雞精、料酒調味即可。

紅棗枸杞煲豬湯

補血
養肝

豬肝可補血養肝；紅棗能補鐵、補血，還能保護肝臟、增強免疫力；枸杞能提升肝臟抵抗毒素的能力，適合貧血者食用。

材料

豬肝…100克
乾香菇…30克
鹽…4克
太白粉水…少許
薑末、蒜末、白醋…各適量

做法

① 豬肝用白醋抓拌均勻，靜置20分鐘，剔去筋膜，洗淨，剁碎，放入鍋中加水燒開，待豬肝變色後，撇去浮沫，撈出；香菇洗淨，放溫水中浸泡1小時，取用泡香菇的水。

② 將豬肝末放鍋中，倒香菇水、薑末和清水，大火煮約10分鐘，放入蒜末和鹽調味，用太白粉水勾芡即可。

豬肝補血羹

補血明目

豬肝含有豐富的鐵、磷，是造血不可缺少的原料。常喝此湯能補血暖身，改善很多女性臉色及唇色蒼白的狀況。

材料

羊肝…150克
菠菜…100克
雞蛋…1顆
鹽、蔥花、薑末、牛骨高湯…各適量

做法

① 羊肝洗淨切片；菠菜洗淨，汆燙，切段；雞蛋打入碗中攪散。

② 鍋置火上，倒入適量牛骨高湯，煮沸後放入蔥花、薑末、羊肝片，煮約5分鐘，放入菠菜段稍煮，然後改小火淋入蛋液，加鹽調味即可。

特別提醒

羊肝含膽固醇高，高脂血症患者少食。

羊肝菠菜羹

促進紅血球生成

動物肝臟含有豐富的血紅素鐵，能促進新的紅血球產生，是最理想的補血佳品之一；菠菜也富含鐵，能夠補血。此外，此湯還能養肝、明目、防治便祕。

推薦食材

蔬菜、菌藻類	百合、蓮藕等。
水果類	柳橙、蘋果、香蕉、桑葚等。
穀、豆類	玉米、黃豆等。
肉、蛋類	牛肉等。
水產類	牡蠣、蛤蜊、蝦等。
其他類	核桃、蓮子、芝麻、豆漿、豆腐等。

關鍵營養素

維他命、蛋白質、鈣、鐵、大豆異黃酮。

飲食原則

- 多吃新鮮水果和綠葉蔬菜，這些食物不僅含有豐富的鐵和銅元素，還富含維他命 C，可促進鐵的吸收利用，對防治貧血有較好的作用。

- 多吃富含維他命 B 群的食物，有保健神經系統、促進消化、鎮靜安眠等功效。小米、麥片，以及豆類、瘦肉、牛奶等含有豐富的維他命 B 群。

- 多吃富含維他命 E 的食物，維他命 E 是天然的抗氧化劑，可以延緩人體衰老。

- 多吃大豆以及豆製品，大豆中含有豐富的植物性雌激素，可以延緩更年期的到來，並且能夠緩解更年期的各種症狀。

更年期女性身體出現的心悸不安、失眠乏力、抑鬱、多慮、易激動、暴躁易怒、面色潮紅等不適，被稱為「更年期症候群」，多發生於 45～55 歲女性。為了緩解更年期症狀，除了保持良好的情緒外，也要注意飲食調養。

雪梨百合蓮子湯

百合含豐富的蛋白質、脂肪、鈣、磷等多種營養素，可安心養神；蓮子可養心安神、滋陰、去煩。搭配食用，可清心除煩，適合更年期脾氣宜燥者。

清心除煩

材料
雪梨⋯2顆
百合⋯10克
蓮子⋯50克
枸杞⋯少許
冰糖⋯適量

做法
① 將雪梨洗淨，去皮去核，切塊；百合、蓮子分別洗淨，用水泡發，蓮子去心；枸杞洗淨，備用。
② 鍋置火上，倒適量的水燒沸，放入雪梨塊、百合、蓮子、枸杞、冰糖，水開後再改小火煲約1個小時即可。

當歸羊肉湯

羊肉可溫補脾胃、肝腎；當歸是補血聖藥，對治療更年期高血壓及更年期症候群效果很好。此湯尤其適合更年期症候群伴有手足冰冷、氣血循環不良等症者食用。

補氣血

材料
羊肉⋯500克
當歸片⋯10克
白蘿蔔⋯200克
薑片、鹽、雞精⋯各適量

做法
① 白蘿蔔洗淨，切塊；羊肉剁成小塊，洗淨。
② 羊肉入沸水中汆燙一下，約30分鐘之後，撈出羊肉，用清水洗淨。
③ 鍋中倒入適量水，放入羊肉、蘿蔔、當歸、薑片，大火燒開。改小火，燉到肉爛後，加鹽、雞精調味即可。

材料

金針菇…100克
黃豆…50克
豬小排…150克
紅棗…適量
鹽…4克
薑片…適量

做法

① 將黃豆用水泡軟，清洗乾淨；金針菇洗淨，去根，切段；豬小排洗淨，切小塊，放入沸水中燙去血水；紅棗洗淨，去核。

② 鍋置火上，放適量清水燒開，放入薑片、排骨、黃豆、紅棗，大火燒開，轉小火燉1小時，加入金針菇，轉中火燜5分鐘，加鹽調味即可。

金針黃豆排骨湯

抗老
健腦

黃豆富含大豆異黃酮、鈣、維他命E，金針菇可益智，此湯可以延緩和防止與更年期密切相關的症狀如骨質疏鬆、記憶力下降等。

推薦食材

蔬菜、菌藻類	花椰菜、番茄、南瓜、紅薯、蓮藕、紅蘿蔔、黑木耳、銀耳、海帶等。
水果類	橘子、柚子、葡萄、草莓等。
穀、豆類	玉米、小米、黃豆等。
肉、蛋類	瘦肉、雞蛋等。
水產類	黃魚、甲魚、帶魚、泥鰍、海參、牡蠣等。
其他類	芝麻、大蒜等。

乳腺增生

關鍵營養素

礦物質、維他命、大豆異黃酮。

飲食原則

● 多吃一些粗糧以及新鮮的蔬菜、水果，如燕麥、香菇、柳橙等。

● 多吃有抗癌功效的食物，如紅薯、芝麻、黃豆等，以預防發展成乳腺癌。

● 三餐規律，飲食均衡，盡量少吃葷類食物，避免吃辛辣的食物，及咖啡、酒類等。

乳腺增生是內分泌失調引發乳腺結構失常所致，多發於中青年女性，表現為：乳房脹痛，觸摸乳房可發現有大小不一的結節或腫塊，質地軟韌、無黏連，呈圓形或橢圓形，可活動。防治此病要保持良好心態，注意勞逸結合。

材料

鴨子…1隻
海帶…200克
鹽、料酒、雞精、薑
末、蔥花、胡椒粉、
花椒…各適量

做法

① 將鴨子收拾乾淨，剁成小塊；海帶洗淨切成方塊。

② 鍋中加入清水燒開，將鴨塊和海帶放進鍋中，撇去浮沫，加入蔥花、薑末、料酒、花椒、胡椒粉，用中火將鴨肉燉爛，再加鹽、雞精調味即可。

海帶燉鴨

改善
內分泌
失調

海帶含有大量的碘，可以刺激腦下垂體前葉分泌黃體生成素，促進卵巢濾泡黃體化，從而降低雌激素，改善內分泌失調，消除乳腺增生的隱患。

鯽魚絲瓜湯

減輕乳房不適

乳腺增生與氣滯血瘀有關，而絲瓜具有行氣通絡、化瘀、散結的功效，能輔助消除乳房腫塊，減輕乳腺增生引起的乳房週期性脹痛。

材料

鯽魚…1條

絲瓜…200克

薑片、鹽、雞精、料酒、胡椒粉…各適量

做法

① 鯽魚收拾乾淨，切小塊；絲瓜去皮，洗淨，切段。

② 鍋中加適量水，將絲瓜、鯽魚、薑片一起放入，倒入少許料酒。大火煮沸，待湯白時，改用小火慢燉至魚熟，加鹽、雞精、胡椒粉調味即可。

什錦蘑菇湯

防治乳腺癌發生

香菇可以提高身體免疫力，有很好的防癌功效，降低乳腺增生發展成癌症的危險。

材料

乾香菇…15克

蘆筍、金針菇…各100克

冬粉…30克

熟扇貝絲…20克

鹽…4克

雞精…1克

薑末、蒜蓉、蘑菇高湯…各適量

做法

① 乾香菇泡發，洗淨，去蒂，切片；蘆筍洗淨，去老根，切斜段，汆燙；金針菇洗淨，去根；冬粉剪短泡軟。

② 鍋內放油燒至六分熱，煸香薑末、蒜蓉，倒適量蘑菇高湯和清水燒沸，放蘆筍片、香菇片、金針菇，開鍋放扇貝絲稍煮，放冬粉燒沸，加鹽和雞精即可。

推薦食材

蔬菜、菌藻類	紅蘿蔔、海帶、紫菜等。
水果類	山楂、櫻桃等。
穀、豆類	小米、黃豆等。
肉、蛋類	瘦肉、動物血、動物肝臟、烏骨雞、雞蛋等。
其他類	紅糖、益母草、薑、牛奶、核桃、芝麻、紅棗等。
其他類	牛奶、蜂蜜、桂圓、益母草等。

關鍵營養素

維他命C、維他命B群、鐵、鎂。

飲食原則

● 飲食宜清淡、易消化，增加綠葉蔬菜、水果的攝入，多喝水，以保持大便通暢，減少骨盆充血。

● 多吃溫補的食物，少吃寒涼食物，以免疼痛加劇。

● 拒絕含咖啡因的咖啡、茶、可樂、巧克力，否則會加劇經期不適。

● 避免辛辣刺激性食物，以免加重疼痛感。

● 攝取充足的維他命B群，如穀類、綠葉蔬菜等，以消除痛經時腰酸背痛的症狀。

痛經

許多女性在經期出現不適，常為劇烈絞痛，並伴有下背部痛、噁心、嘔吐等症狀，嚴重者甚至會昏厥。如果長期出現經期疼痛，應該通過藥物進行治療，再配合食療，可讓女性在那幾天特殊的日子裡不再那麼難過。

紅糖薑汁蛋包湯

中醫認為，紅糖具有暖宮作用，同時含有豐富的鐵，是補血佳品；生薑有補中散寒、緩解痛經的功效。二藥合用，能補氣養血、溫經活血，有效緩解寒瘀血瘀型女性的痛經。

經血
溫活

材料

雞蛋…2顆
老薑…5克
紅糖…50克

做法

① 老薑洗淨，放入500毫升清水中用小火煮20分鐘。

② 將火調小，在薑水中磕入雞蛋成荷包蛋，煮至雞蛋浮起，加入紅糖攪拌，盛入碗中即可。

烏骨雞山藥湯

痛經是經血不暢引起的，烏骨雞能補氣、養血、調經止帶；山藥補氣的效果較好，還能健脾養胃；枸杞能補腎益肝，對補氣血有益。三者搭配同食，補氣養血的功效更好，適合氣血兩虛的女性食用。

通氣血
調經止痛
暢

材料

淨烏骨雞…1隻　　料酒…15克
山藥…150克　　　薑片…5克
枸杞、紅棗…少許　鹽…2克
蔥段…10克

做法

① 淨烏骨雞沖洗乾淨，放入沸水中汆燙去血水；山藥去皮，洗淨，切塊；枸杞、紅棗洗淨浮塵。

② 鍋置火上，倒油燒至七分熱，炒香蔥段、薑片，放入烏骨雞、料酒、紅棗和沒過鍋中食材的清水，大火燒開後轉小火煮至烏骨雞八分熟，下入山藥煮至熟軟，加枸杞略煮，用鹽調味即可。

材料
益母草…20克
雞蛋…2顆

做法

① 先將益母草擇去雜質，用清水洗淨，用刀切成段，瀝乾水；雞蛋洗淨外殼。

② 將益母草、雞蛋放入鍋內，加適量水同煮，大火煮20分鐘至雞蛋熟，把外殼剝去，再將雞蛋放入湯中，小火繼續煮15～20分鐘即可。

益母草煮雞蛋

緩解
血瘀型
痛經

此湯可活血散瘀、養血調經、補益氣血。適用於月經前期有胸腹脹痛者，也適用於治療氣血不足、血液瘀滯導致的痛經。

其他調節身體不適的湯品 範例

防病目標	湯品	主料
降壓、消腫	豬肉丸子冬瓜湯	豬肉丸＋冬瓜
降脂、降壓	芹菜葉冬粉湯	芹菜葉＋冬粉
防治缺鐵性貧血	紅棗羊腩湯	羊腩＋紅棗
緩解水腫、提高免疫力	紫菜豆腐湯	紫菜＋豆腐
補鈣、防骨質疏鬆	海帶枸杞腔骨湯	海帶＋枸杞＋豬腔骨
防治支氣管炎	蓮子紅棗脊骨湯	蓮子＋紅棗＋豬脊骨
通便，防治便祕	韭菜銀芽湯	韭菜＋綠豆芽
緩解感冒	蔥薑豆腐湯	大蔥＋薑＋豆腐
化痰止咳	鱸魚冬筍香菇湯	鱸魚＋冬筍＋香菇
降壓、降脂	牡蠣香菇冬筍湯	牡蠣＋香菇＋冬筍
降壓、通便	鮮蝦萵筍湯	蝦＋萵筍
防治動脈硬化	三絲豆苗湯	竹筍＋紅蘿蔔＋豌豆苗＋香菇
降壓、降脂、通便	馬鈴薯菠菜湯	馬鈴薯＋菠菜
降壓、抗癌	洋蔥湯	洋蔥＋紅彩椒
防止便祕	多彩蔬菜羹	大白菜＋油菜＋紅蘿蔔＋香菇
降血糖、提高免疫力	人參豬肚湯	人參＋豬肚
降壓、降脂	香芹豆腐羹	香芹＋豆腐
降低血液中的膽固醇含量	海帶時蔬湯	海帶＋菠菜＋紅蘿蔔＋番茄
防治冠心病	冬粉香菇蛋湯	冬粉＋香菇＋雞蛋
平衡血脂	黃豆芽紫菜湯	黃豆芽＋紫菜

對症滋補養生湯

作　　者：楊力 主編

發 行 人：林敬彬

主　　編：楊安瑜

責任編輯：黃谷光

內頁編排：吳海妘

封面設計：彭子馨（Lammy Design）

出　　版：大都會文化事業有限公司

發　　行：大都會文化事業有限公司

　　　　　11051台北市信義區基隆路一段432號4樓之9

　　　　　讀者服務專線：（02）27235216

　　　　　讀者服務傳真：（02）27235220

　　　　　電子郵件信箱：metro@ms21.hinet.net

　　　　　網　　　址：www.metrobook.com.tw

郵政劃撥：14050529 大都會文化事業有限公司

出版日期：2015年09月初版一刷

定　　價：380元

Ｉ Ｓ Ｂ Ｎ：978-986-5719-63-0

書　　號：Health+76

©2013 楊力 主編

◎本書由江蘇科學技術出版社授權繁體字版之出版發行

◎本書如有缺頁、破損、裝訂錯誤，請寄回本公司更換

國家圖書館出版品預行編目（CIP）資料

對症滋補養生湯 / 楊力 主編. -- 初版. -- 臺北市 :大都會
文化, 2015.09
240面 ; 23×17公分 --（Health+76）
ISBN 978-986-5719-63-0 (平裝)

1.食譜 2.湯 3.食療

427.1　　　　　　　　　　　　　　　　　　　104016155

大都會文化 讀者服務卡

書名：對症滋補養生湯

謝謝您選擇了這本書！期待您的支持與建議，讓我們能有更多聯繫與互動的機會。

日後您將可不定期收到本公司的新書資訊及特惠活動訊息。

A. 您在何時購得本書：_____ 年 _____ 月 _____ 日

B. 您在何處購得本書：_____ 書店（便利超商、量販店），位於 _____（市、縣）

C. 您從哪裡得知本書的消息：1. □書店2. □報章雜誌3. □電台活動4. □網路資訊

　　5. □書籤宣傳品等6. □親友介紹7. □書評8. □其他 _____

D. 您購買本書的動機：（可複選）1. □對主題和內容感興趣2. □工作需要3. □生活需要

　　4. □自我進修5. □內容為流行熱門話題6. □其他 _____

E. 您最喜歡本書的：（可複選）1. □內容題材2. □字體大小3. □翻譯文筆4. □封面

　　5. □編排方式6. □其他 _____

F. 您認為本書的封面：1. □非常出色2. □普通3. □毫不起眼4. □其他 _____

G. 您認為本書的編排：1. □非常出色2. □普通3. □毫不起眼4. □其他 _____

H. 您通常以哪些方式購書：（可複選）1. □逛書店2. □書展3. □劃撥郵購4. □團體訂購

　　5. □網路購書6. □其他 _____

I. 您希望我們出版哪類書籍：（可複選）1. □旅遊2. □流行文化3. □生活休閒

　　4. □美容保養5. □散文小品6. □科學新知7. □藝術音樂8. □致富理財9. □工商管理

　　10. □科幻推理11. □史地類12. □勵志傳記13. □電影小說14. □語言學習（ _____ 語）

　　15. □幽默諧趣16. □其他 _____

J. 您對本書（系）的建議：_____

_____

K. 您對本出版社的建議：_____

讀者小檔案

姓名：_____ 性別：□男□女 生日：____ 年 ____ 月 ____ 日

年齡：□20歲以下□20～30歲□31～40歲□41～50歲□50歲以上

職業：1. □學生2. □軍公教3. □大眾傳播4. □服務業5. □金融業6. □製造業

　　　7. □資訊業8. □自由業9. □家管10. □退休11. □其他 _____

學歷：□國小或以下□國中□高中／高職□大學／大專□研究所以上

通訊地址：_____

電話：（H）_____ （O）_____ 傳真：_____

行動電話：_____ E-Mail：_____

◎ 謝謝您購買本書，歡迎您上大都會文化網站（www.metrobook.com.tw）登錄會員，或
　至Facebook（www.facebook.com/metrobook2）為我們按個讚，您將不定期收到最新
　的圖書訊息與電子報。

對症滋補養生湯

附錄

養生花草茶

玫瑰花

玫瑰花茶
理氣解鬱

材料
玫瑰花…5克

泡法
將玫瑰花放入杯中，沖入沸水，泡3～5分鐘後即可飲用。

玫瑰花可緩和情緒、理氣解鬱、消除疲勞。

玫瑰合歡茶
理氣解鬱

材料
玫瑰花…3克
合歡花…3克
冰糖…3克

泡法
玫瑰花和合歡花放入杯中，沖入開水，2～3分鐘以後，加入冰糖攪拌至化開即可飲用。

合歡花含有合歡苷和鞣質，可解鬱安神、鎮靜養心，搭配玫瑰花可改善人的低落情緒和失眠症狀。

菊花

這款茶飲可清肝火、明目，對眼睛勞損、頭痛、高血壓等症有一定效用。

菊花茶 清肝明目

材料
菊花…5克

泡法
將菊花放入杯中，倒入沸水，泡3～5分鐘後即可飲用。

杞菊茶 清火養肝

材料
菊花…3克
枸杞…3克
烏龍茶…5克

泡法
將所有材料一起放入杯中，倒入沸水，蓋上蓋子悶泡約3分鐘後即可飲用。

枸杞可養肝明目，菊花可散風清熱、清肝火、明目，烏龍茶可降脂保肝，此茶可清火養肝。

這款茶飲可滋陰清火、安神靜心、改善睡眠，還能改善膚色暗沉、消除色斑。

百合花

百合花茶

改善睡眠
亮白肌膚

材料
百合花…5克
冰糖…適量

泡法
將百合花、冰糖一起放入杯中，倒入沸水，浸泡約5分鐘後，調勻味道即可飲用。

桃花百合檸檬茶

美白肌膚
延緩衰老

材料
桃花…3克
百合花…3克
檸檬…1片

泡法
將桃花、百合花、檸檬片一起放入杯中，倒入沸水，浸泡約5分鐘後即可飲用。

桃花可改善血液循環，防止黑色素沈澱，預防各種色斑形成；

百合花可清肝火，改善睡眠，防止皮膚粗糙；檸檬可抑制色素沈澱美白肌膚，此茶可美白肌膚、延緩衰老。

玉蝴蝶

桃花玉蝴蝶茶

提高免疫力

材料
桃花…3克
玉蝴蝶…2克

泡法
將桃花、玉蝴蝶放入杯中，倒入沸水，浸泡約3分鐘後飲用。

玉蝴蝶可促進人體新陳代謝，延緩細胞衰老，提高免疫力，桃花可活血化瘀、通經絡、排毒，此茶可清內熱、通經絡、提高免疫力。

玉蝴蝶防衰茶

延緩衰老

材料
玉蝴蝶…2片
千日紅…3朵

泡法
將玉蝴蝶、千日紅一起放入杯中，沖入沸水，蓋上蓋子悶泡約3分鐘後飲用。

玉蝴蝶可以促進人體新陳代謝，延緩細胞衰老，提高免疫力。千日紅含有人體需要的氨基酸、維他命C、維他命E及多種微量元素，具有延緩衰老的作用。

金銀花

清心去火、清涼潤肺，適合夏日養陰解暑。

百合金銀花茶 清心去火

材料
百合花…3克
金銀花…3克
冰糖…適量

泡法
將百合花、金銀花、冰糖一起放入杯中，倒入沸水，泡約5分鐘後，調勻即可飲用。

金銀茉莉茶 解毒化濕利咽護胃

材料
金銀花…10克
茉莉花…5克
白糖…適量

泡法
① 將金銀花、茉莉花一起放入杯中，倒入沸水，蓋上蓋子悶泡5分鐘。
② 加入白糖調味後即可飲用。

金銀花可清熱解毒、疏利咽喉，茉莉花含揮發油性物質，有行氣止痛、解鬱散結的作用，此茶飲可解毒化濕，利咽護胃。

茉莉花

茉莉玫瑰菩提茶

提高睡眠質量

有效緩解熬夜疲勞感。

材料
茉莉花…3克
金盞花…2克
玫瑰花…克
菩提葉…2克

泡法
將所有材料一起放入杯中，沖入沸水，浸泡3分鐘後即可飲用。

菊槐茉莉茶

清肝瀉火

材料
菊花…2朵
槐花乾品、茉莉花乾品…各3克

泡法
將所有材料一起放入杯中，沖入沸水，蓋上蓋子悶泡約8分鐘後飲用。

菊花、槐花、茉莉花均具有清肝瀉火的功效，此外，菊花還可明目，槐花還可涼血止血，茉莉花可消腫解毒、理氣通便。

桂花

南杏仁有潤燥補肺、鎮咳化痰的作用，還可以健胃整腸，幫助消化；桂花不僅可以化痰止咳，還可以潤脾醒胃、增進食慾、通宿便。

杏仁桂花茶 〔調理腸胃〕

材料
南杏仁…10克
桂花乾品…6克

泡法
將南杏仁、桂花一起放入杯中，倒入沸水，蓋上蓋子悶泡約10分鐘後飲用。

茉莉桂花茶 〔散寒活血暖胃〕

材料
桂花…3克
茉莉花…3克

泡法
將茉莉花、桂花一起放入杯中，倒入沸水，浸泡3～5分鐘後即可飲用。

茉莉花可開郁和胃、醒脾健胃，桂花可促進血液循環、通經活絡、散寒暖胃，此茶可散寒活血、暖胃。

桃花

桃花可以改善血液循環，使身體氣血通暢，促進皮膚營養和氧供給，同時桃花還可以潤腸通便，及時排除毒素，從而延緩皮膚衰老，使肌膚紅潤有光澤。

桃花茶

延緩皮膚衰老

材料
桃花⋯3克

泡法
將桃花放入杯中，沖入沸水，蓋上蓋子悶泡約3分鐘後飲用。

桃花具有改善血液循環的功效，可促進人體衰老的脂褐質素快速排泄，防止黑色素在皮膚內沉積，有效預防各種色斑；冬瓜仁含有瓜胺酸等淨白肌膚的成分；白楊樹皮含有抗菌消炎成分。

桃花美白去斑茶

散寒活血暖胃

材料
桃花乾品⋯4克
冬瓜仁乾品⋯5克
白楊樹皮乾品⋯3克

泡法
將所有材料一起放入保溫杯中，沖入沸水，蓋上蓋子悶泡約10分鐘後飲用。

勿忘我

勿忘我玫瑰茶

滋養肌膚
美白去斑

勿忘我可滋陰補腎，對預防粉刺、皮膚粗糙、雀斑等有很好的效果；玫瑰花能改善內分泌失調，養顏美容，此茶可滋養肌膚、美白去斑。

材料
勿忘我…3克
玫瑰花…3克
蜂蜜…適量

泡法
將勿忘我、玫瑰花放入杯中，倒入適量沸水，泡3～5分鐘，晾至溫熱調入蜂蜜即可飲用。

勿忘我番瀉葉茶

清熱
通便

材料
勿忘我…3克
番瀉葉…1克

泡法
將勿忘我、番瀉葉一起放入杯中，倒入沸水，蓋上蓋子悶泡約5分鐘後即可飲用。

這款茶飲清熱通便作用較強，可以輔助治療便祕，減少脂肪堆積。

金盞花

馬鞭草可解毒、利水消腫；金盞花可清熱解毒，有發汗的作用。

金盞馬鞭草茶

利水消腫排毒

材料
金盞花…3克
馬鞭草…5克

泡法
將馬鞭草、金盞花一起放入杯中，倒入沸水，浸泡約5分鐘後即可飲用。

金盞玫瑰茶

潤膚去火抗菌

材料
金盞花…5克
玫瑰花…3克

泡法
將金盞花、玫瑰花一起放入杯中，沖入沸水，蓋上蓋子悶泡約3分鐘後飲用。

金盞花、玫瑰花均具有清熱瀉火的功效，還能潤膚、抗菌。

薰衣草

薰衣草丁香茶　舒緩壓力

舒緩壓力、安撫情緒、調節神經。

材料
薰衣草…3克
丁香花…2克
洋甘菊…3克

泡法
將所有材料一起放入杯中，倒入沸水，浸泡3分鐘左右即可飲用。

檸檬薰衣草茶　緩解疲勞

材料
薰衣草…3克
檸檬…2片（乾品、鮮品均可）

泡法
將檸檬片、薰衣草一起放入杯中，倒入沸水，蓋上蓋子悶泡約3分鐘後飲用。

薰衣草可消除疲勞、提神醒腦，還能改善睡眠；檸檬可以利尿排毒，緩解頭痛，同時清爽的香味也具有舒緩情緒的作用。這款茶飲既可以提神醒腦，又具有減肥功效。

洛神花

這款茶飲可解毒、利尿，降低身體對酒精的吸收，解宿醉。

洛神花茶 消除宿醉

材料
洛神花…5克

泡法
將洛神花放入杯中，倒入沸水，浸泡3～5分鐘後即可飲用。

洛神花玫瑰茶 理氣降脂

材料
洛神花乾品…3朵
玫瑰花乾品…5朵
蜂蜜…適量

泡法
將洛神花、玫瑰花一起放入杯中，倒入沸水，蓋上蓋子悶泡約5分鐘，待茶涼至溫熱後調入蜂蜜即可。

洛神花可吸附膽固醇和三酸甘油酯，然後排出體外，從而降低血脂；玫瑰花可以疏肝解鬱，調理氣血；這款茶飲口感酸甜，氣味香濃，是理氣減脂的佳品。

迷迭香

迷迭香茉莉茶 改善睡眠

材料
迷迭香乾品、
茉莉花乾品
…各3克
鮮薄荷葉…3片

泡法
將所有材料一起放入杯中，沖入沸水，蓋上蓋子悶泡約3分鐘後飲用。

茉莉花、迷迭香可以舒緩情緒，改善睡眠，調節內分泌；薄荷葉有散風熱、止癢的作用，可以改善皮膚出痘引起的不適。

迷迭香玫瑰茶 安神解鬱

材料
迷迭香…3克
玫瑰花…3克

泡法
將迷迭香、玫瑰花一起放入杯中，倒入沸水，浸泡約10分鐘後即可飲用。

口感清香，可安神、解鬱。

薄荷

菊花具有疏肝理氣、養肝明目的功效，枸杞可以補腎、養肝明目，配以清熱解毒的薄荷，這款茶飲氣味清涼，能清肝去火。

薓荷菊花茶 清肝去火

材料
薄荷乾品…4克
菊花…5朵
枸杞…10克

泡法
將所有材料一起放入杯中，沖入沸水，蓋上蓋子悶泡約10分鐘後飲用。

薓荷七彩菊茶 明目退肝火

材料
薄荷乾品…3克
七彩菊…1朵

泡法
將所有材料一起放入杯中，沖入沸水，蓋上蓋子悶泡約5分鐘後飲用。

薄荷有健胃祛風、去痰、利膽的功效，可緩和頭痛，改善感冒所致的各種不適症狀；七彩菊可散風清熱、平肝明目，還能美容，此茶可明目、退肝火。